U0307308

寻味日本酒

行走的餐酒与和食地图

欧子豪 [日]渡边人美 著

華中科技大學出版社
http://www.hustp.com
中国·武汉

有书至美
BOOK & BEAUTY

细细品味出小小一杯日本酒中蕴含的历史与魅力

这本书的构想是来自一位全身心贯注于日本料理的餐厅经营者的心中理想。从一开始在餐厅里推荐高质量的日本酒，却不知道该如何让日本酒与料理有完美的搭配，更说不出每一款酒背后的故事，一路走来，他发现这似乎违背了最初希望推广日本饮食文化至海外的初衷，于是决心更加深入钻研日本酒的领域。他历经苦读SSI侍酒师及讲师课程，到最后终于取得日本酒匠认证资格，就是希望能够以最轻松、有趣的方式，将日本饮食文化之精髓传达给海外的朋友们。而抱持这样信念的餐厅经营者就是——我。

酒没有所谓的好坏之分，只有适合不适合个人偏好的问题。若能去了解酒厂背后的故事与属于当地的特有文化，就更能细细品味出小小一杯日本酒中蕴含的历史与魅力。

我常形容日本酒好比一首歌：开心时听着轻快的节奏让人更加喜悦，狂欢时具有震撼力的舞曲能将气氛炒至最高点，伤心时就像放着回忆过去美好的歌曲，让人更陷入无法自拔的悲伤里；若将这些心情换算成属于我的日本酒品饮公式，就变成：开心时品饮微带花果香气的讨喜酒款；狂欢时追求洁净利落的酒质，好让我能轻松地干杯再干杯。伤心时或许会选择有层次的丰韵酒体，酸甜苦涩的味道，在复杂纠结中却表现出圆润，让美酒慢慢诉说出其实我也能过得很好。

每款酒都有适合饮用的心情与场合，前提是我们得先了解自己的喜好。这本书中除了基本的日本酒知识，还有实地的探访，从吐着白烟、双手冻僵的北海道，到吃面时发出吸溜声响才代表拉面美味的九州岛。我们在空中来回飞行了23700千米，在路面行驶了1380千米，足迹遍及8个县市，并参访了12个酒厂。本书选出了人气观光地区，让读者进一步了解当地饮食文化与具有代表性的酒厂背景。在餐酒的搭配上，本书完全符合了地酒文化的要素，以地方性的食材与料理手法搭配地方性的酒款。日本美食家渡边老师、酒造代表以及我，亲身体验了所有推荐的酒食搭配法。这让读者们能以最轻松地道的方式，体验日本最精华的地方文化与好酒美食。

酒海无涯，学无止境。希望我能在这条学习的道路上，借由分享学习到的事物，让读者在生活中多体验一份喜悦，我想这就是自己投入饮食文化推广工作的初衷了。

欧子豪

一本结合日本人感受与外国人观点的书

踏入社会之前，我几乎是滴酒不沾。在我成为职场新人后的第一年，由于工作的关系，在许多场合里必须品饮日本酒，于是就在忐忑不安、戒惧惶恐的心情下开始接触日本酒。我竟然喝过之后才惊觉道——“咦！怎么会这么美味，而且是如此极致的美味。”优雅的香气、绝妙的风味及余韵都令我大开眼界，而这样的味道为何时至今日才尝到？甚至因为这一口酒，我开始感到困惑。

品饮日本酒时，当下的场合是非常重要的。因此我希望品饮者能够享受到当地的乡土料理与地酒搭配之乐趣，这也是招待者的立意。换句话说，就是感受当地的“风土”——以当地的食材制作的乡土料理，搭配使用当地的水酿造而成的日本酒。当两者合二为一之后所产生的无法用言语形容的美味，一直引领着我，而这也成为精通料理的我开始钻研日本酒的动机，于是诞生了“侍酒师渡边人美”。

一旦开始追求日本酒与料理的搭配，充满魅力的幸福世界也就不断地向外延伸。这本专谈日本酒与料理搭配的书，就是希望能够带领各位海外的日本酒爱好者，一同感受这个风味绝妙的新世界。当你接触了代表日本传统且深具魅力的日本酒之后，会发现当你越了解它，越是会被酒中所蕴藏的深度、广度及复杂度深深吸引。在此我期盼各位可以从中真正地感受到日本酒魅力的精髓。此外，日本酒与料理相互搭配之后，各自可以提升到何种境界？可以带领我们到达何种崭新风味的世界？我想，答案应该是“无限大”。

另一个让我瞬间被日本酒吸引的要素就是“风土”。通过亲身体会所得到的感觉是相当重要的。各位在感受“土地的气味”、“空气”与“温度”等因素的同时，享受当地酿造的日本酒与乡土料理，没有比这个更加奢侈的事了。在日本，即使有很多本地人希望这么做，但我想能够获得这样真实体验的人应该不多。希望各位海外的日本酒爱好者，能站在非日本人的角度，运用您客观且敏锐的感觉，以单纯的想法，诚挚地面对日本酒，并由衷地建议在合适的时间，请一定要亲自造访日本。

这一次与我共同执笔的欧老师，就如同我首次与日本酒相遇时一样，像一位少年般，以开心愉悦的心情来叙述日本酒，而我也从他高度诚挚的态度中获得许多动力。这是一本结合日本人的感受与外国人的观点的书，衷心期盼它可以成为不仅是您在自己的国家，甚至是在造访日本时，不可或缺的日本酒经典之作。

渡边人美

日本酒的魅力

酒精饮料可分成四大类别：酿造酒、蒸馏酒、利口酒与气泡酒。日本酒属于酿造酒，酒精浓度约在14%vol—18%vol之间，相较于其他酒类，日本酒在酒质的表现与文化上，都有着独特的魅力。

5℃～55℃·饮用温度带广泛

从5℃的雪冷，展现出清爽感及锐利的味道表现，到55℃的飞烂，展现出瞬间熟成的酒体圆润变化，50℃的温度差之间，各有不同的香气与味道表现。日本酒是少数能在单一酒款中，产生如此多变化的一种酒。

四季·皆有代表商品

冬季·初榨酒：在酿造期间，第一批完成酿造所榨出的酒款可称为初榨酒。

春季·新酒：在日本酒的特有计算酿造年内（每年的7月1日到来年的6月30日）所产出的为新酒，大多会在立春前后推出，以庆祝酿造完成。

夏季·生酒：炎炎夏季里，以未经过低温加热杀菌的酒款，表现出新鲜感与清凉感。

秋季·冷卸酒：经过夏季的熟成，酒体展现出饱满感，与入秋食材慢慢呈现出的油脂感或个性感互相呼应。

二次·温体效果

酒精饮料大多属于较寒性的饮品，但日本酒在体寒效应中是唯一接近中性的饮品，也可说是对身体最温和的酒精饮料。加上它能加温品饮，所以我们将入口时的暖与缓解身体虚寒的效应，称之为为二次温体效果。

并行复发酵·高技术的酿造法

酒精发酵主要是用酵母将糖转化成酒精而成。而在日本酒中的并行复发酵，指的是菌种将米所含的淀粉转化成糖分，同时再将糖分转化成酒精。这是一种相当复杂的发酵模式，也是日本酒会如此细腻的原因之一。

350毫升·日日美肌与防止老化

日本酒在每日约350毫升适量的品饮下（因个人体质而异），可以有效促进血液循环及舒缓压力。日本酒中标榜旨味的αGG（麴酵素与葡萄糖结合而成），被证实其具有保湿效果与弹性，而且主掌保湿成分的氨基酸比红酒多上约10倍。这也是近年来以米发酵作为保养品的各式商品在日本盛行的原因。

2000年历史·餐搭方式与丰富的酒器文化，耐人寻味

日本酒中的麴，有抑制食材产生臭味的特性，因此在许多料理的搭配上，都能有良好的包容性。日本酒文化拥有2000年的历史，在各地区都衍生出属于各自独特的文化表现。石川县典雅的九谷烧，搭配华丽酒感的金泽酵母吟酿酒；冈山县的备前烧，搭配以酒米雄町所酿出的厚实酒体；以喝酒豪迈闻名的高知文化，出现了搭配罚酒游戏的别哭杯……多元化的酒器选择，表现出耐人寻味的特有文化价值。

骰子转到哪个就用哪个酒杯装酒干杯

寻味日本酒

行走的餐酒与和食地图

第一篇 边喝边学快速认识日本酒

第二篇 地酒美食搭配学

第一篇

边喝边学
快速认识日本酒

SSI
日本酒四大分类

SSI的全名为“日本酒侍酒研究会·酒匠研究及联合会”（日本酒サービス研究会·酒匠研究会联合会），
它创办于1991年，对于日本酒教育界来说，是最具影响力的一个团体。
SSI所推广的日本酒有四大分类法，主要是以针对一般消费者设计的观念为原则，
教大家如何能在很短的时间内，
轻松的理解、想象酒款的香气与味道特征，并选择适合的酒器搭配。

四大分类法对于一般消费者来说是属于相当便利的分类模式。此分类法以日本酒的香气表现与味道表现作为基础，依据表现的强与弱，作为归类的参考。

四大类酒款的特征

薰酒——香气较高

薰酒有着花果般的清雅香气，是富有香气的酒款，以甜美的花果香为特征，是杜氏们旷日持久之作。薰酒种类多元，其味道从轻快到浓醇皆有，在海外市场具有相当高的人气。

- **主要酒类：**纯米大吟酿、大吟酿、吟酿酒。
- **酿酒过程：**精米步合较低、低温发酵或使用吟酿酵母。
- **适合的酒器：**香气的表现为其品饮的重点，可选择葡萄酒杯、喇叭杯型及宽口径的杯型。

爽酒——香气较低，入口轻快清爽

爽酒是轻快与清爽的酒款，具有淡丽（淡丽：清酒用语，形容清酒口感清滑）辛口的清新魅力，其口感是日本酒里最为清淡且单纯，也是较容易搭配多元料理的酒款，属于轻松且容易品饮的酒款。

- **主要酒类：**生酒、生贮藏、生诘酒、本酿造、吟酿酒。
- **酿造过程：**短期熟成型或不经低温加热杀菌处理过程。
- **适合的酒器：**清爽感的表现为其品饮重点，可选择代表夏季的竹筒杯，清凉感的江户切子杯（切子：指一种玻璃的切割技法，即玻璃冷加工工艺中通过金属沙盘或磨石切割打磨成型的工艺）及直筒杯型。

醇酒——香气较低，口感扎实回甘，旨味高

是日本酒的原点，最具有日本酒中“米”风味的甘口味道，浓郁且味道复合，为最传统性的日本酒。

- **主要酒类：**纯米酒、本酿造、生酛酒。
- **酿造过程：**最后酿制不加水调整（原酒）、不经多层过滤、精米步合较高。
- **适合的酒器：**以厚实感或旨味感的表现为出发点，可选择厚实杯口的备前烧，一口容量的烧窑杯型或陶瓷杯型。

熟酒——香气高且复杂，口感重，尾韵强

经过数年时间的熟成，色泽呈现金黄色。属于价值高的稀有日本酒。酒精浓度、酸度、甜度都偏高。有着干果实的香甜，香辛料般的复杂口味，是具层次感与深度感的稀有酒款。

- **主要酒类：**古酒、秘藏酒、长期熟成酒。
- **酿造过程：**低温或常温下长期熟成。
- **适合的酒器：**以色调的表现或慢饮闻香为考虑点，可选用白兰地杯型及金色杯壁的漆器杯型。

SSI日本酒香气与味道四大类型

- 香气高
- 花果般华丽香气
- 受到海外市场欢迎

- 香气高且复杂
- 口感富层次感，余韵强
- 金黄色泽
- 高价稀有款

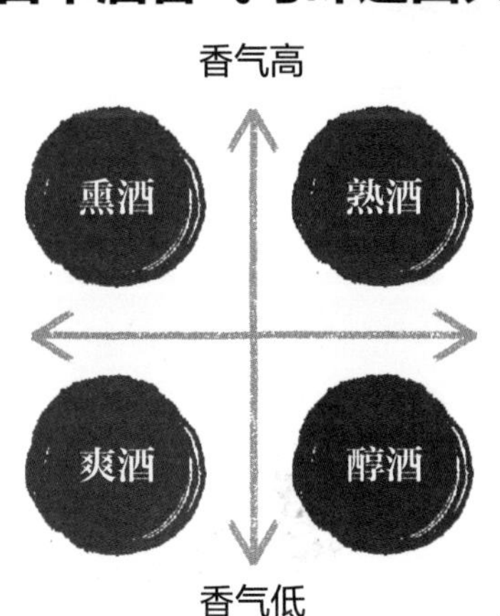

味道淡（Light Body）

味道醇（Full Body）

- 口感轻快、清爽
- 易喝入门款
- 轻松简单的酒体

- 旨味高、扎实回甘
- 较有旨味与厚实感
- 日本酒的原点

注：纵轴为香气的表现，横轴为味道的表现。

极米

日本酒的原料“米”，
如同葡萄酒原料中的葡萄一样重要。
葡萄决定了酒的味道，
而米则决定了酒的个性。

日本酒酒米相当多元化：如耐冷性高的北海道吟风酒米、酒界米王之称的兵库县山田锦酒米、较容易酿出淡丽酒质的新潟越淡丽酒米、像老藤葡萄般可酿出具有深度酒体的复古米种渡船酒米和神力酒米、漫画《夏子的酒》所出现的龟之尾酒米，或是会因熟成而慢慢散出来自米的旨味的酒米爱山等。

日本酒的酿造过程与风土会左右酒质的味道与好坏程度，但原物料的好坏也决定了起跑线的优劣。日本著名的越光米，是美味的食用米，但与适合酿造用的酒米条件不一样。食用米与酿造酒米最大的不同在于淀粉成分的含量。食用米如果支链淀粉含量多，会产生我们认为美味的黏性口感，但是黏性高的特征并不利于酿造。因为酿造所需的搓揉动作，会导致米粒结块，无法进行米粒个体的糖化作业，所以好的酿造用酒米如果当成食用米，吃起来会几乎无黏性，且并不美味。

在所有的酿造用酒米中，经由日本农林水产省所认定为优质酒米的品种，称为酒厂好适米。酒厂好适米的基本认定条件为：1.米粒大，即千粒糙米重约26~30克；2.有心白：由于心白的部分柔软，麹菌的菌丝亦容易向内延伸繁殖，有助于酿造中的制酒母及制醪的糖化作业；3.蛋白质、脂质含量少：过多的蛋白质容易产生杂味，而脂质容易让酒质酸化，产生出不好的气味；4.外硬内软的特质：外硬让米粒容易各自作业，内软让麹菌容易向米心内延展，有助于糖化作业。

清酒的酿制米，选用一年只收成一次的粳米。9月收成的酒米称为早生米，大多米粒较小，多半不适合高精米（容易碎裂）。它们的产地为较寒冷的区域，也多呈现较轻盈的酒体。代表性的酒米：新潟县的五百万石，北海道的吟风。10月收成的酒米称为晚生米，米粒较大，用于高精米的比例高，多半呈现出较醇厚的酒体。代表性的酒米有：冈山县的雄町，兵库县的山田锦。

人气酒米

品种	主要产区	收成属性	酒质呈现
山田锦	兵库县、福冈县	晚生米	香气优雅，以润滑的酒感为特色
五百万石	新潟县、福井县	早生米	柔软且干净的酒质，属于较低调型的香气表现
美山锦	长野县	中生米	清爽洁净的酒质
出羽灿灿	山形县	中生米	多层次与微甘口的酒质表现

人气古酒米

品种	主要产区	收成属性	特色
雄町	冈山县	晚生米	具有深度且个性鲜明的味道表现
龟之尾	山形县	中生米	丰郁的味道表现，有干型与酸味的特性
强力	鸟取县	晚生米	经熟成后旨味表现出具有深度的回甘与个性

全日本酒米分布图

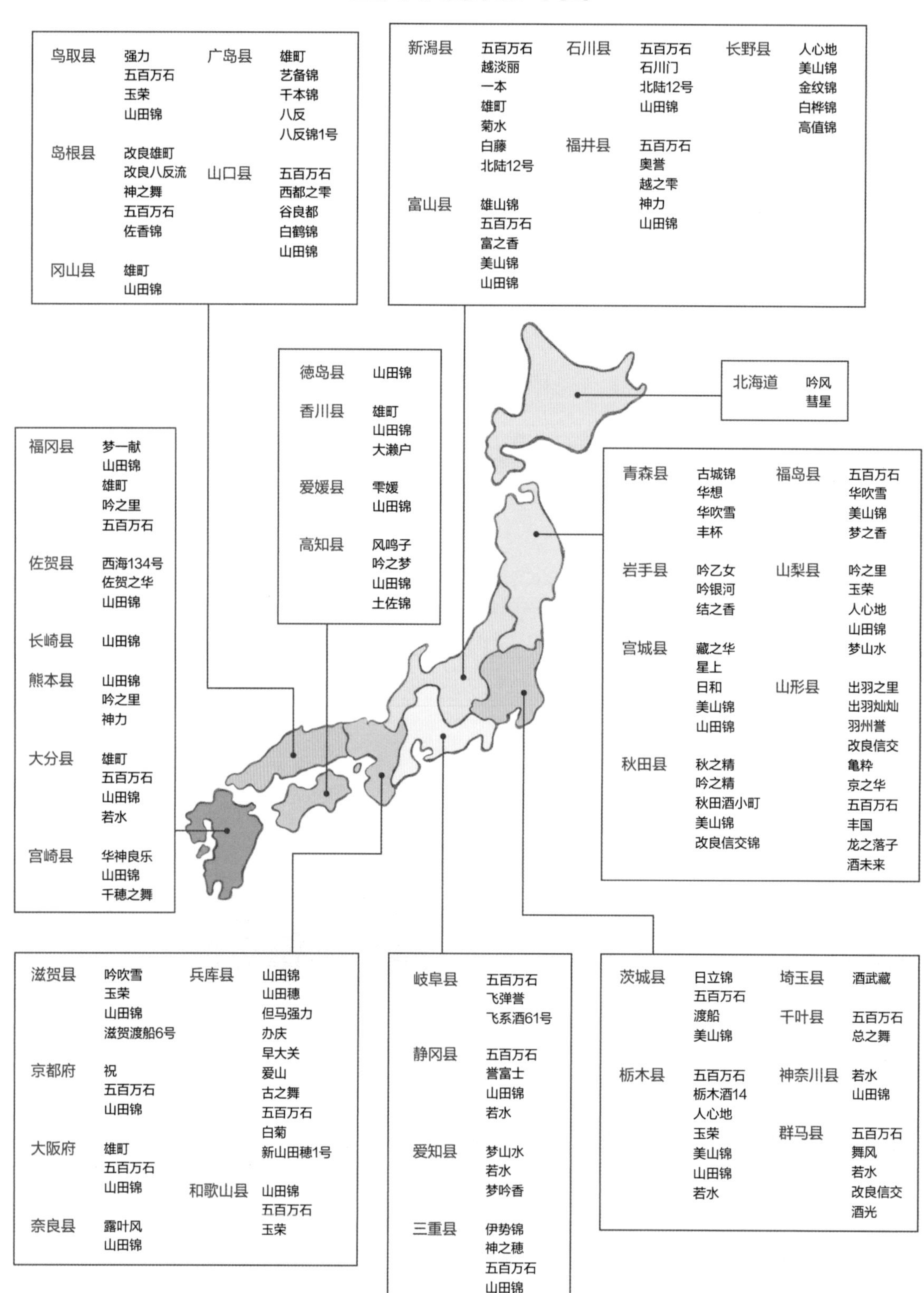

鸟取县
强力
五百万石
玉荣
山田锦
岛根县
改良雄町
改良八反流
神之舞
五百万石
佐香锦
冈山县
雄町
山田锦
广岛县
雄町
艺备锦
千本锦
八反
八反锦1号
山口县
五百万石
西都之雫
谷良都
白鹤锦
山田锦
新潟县
五百万石
越淡丽
一本
雄町
菊水
白藤
北陆12号
富山县
雄山锦
五百万石
富之香
美山锦
山田锦
石川县
五百万石
石川门
北陆12号
山田锦
福井县
五百万石
奥誉
越之雫
神力
山田锦
长野县
人心地
美山锦
金纹锦
白桦锦
高值锦
北海道
吟风
彗星
德岛县
山田锦
香川县
雄町
山田锦
大濑户
爱媛县
雫媛
山田锦
高知县
风鸣子
吟之梦
山田锦
土佐锦
福冈县
梦一献
山田锦
雄町
吟之里
五百万石
佐贺县
西海134号
佐贺之华
山田锦
长崎县
山田锦
熊本县
山田锦
吟之里
神力
大分县
雄町
五百万石
山田锦
若水
宫崎县
华神良乐
山田锦
千穗之舞
青森县
古城锦
华想
华吹雪
丰杯
岩手县
吟乙女
吟银河
结之香
宫城县
藏之华
星上
日和
美山锦
山田锦
秋田县
秋之精
吟之精
秋田酒小町
美山锦
改良信交锦
福岛县
五百万石
华吹雪
美山锦
梦之香
山梨县
吟之里
玉荣
人心地
山田锦
梦山水
山形县
出羽之里
出羽灿灿
羽州誉
改良信交
龟粋
京之华
五百万石
丰国
龙之落子
酒未来
滋贺县
吟吹雪
玉荣
山田锦
滋贺渡船6号
京都府
祝
五百万石
山田锦
大阪府
雄町
五百万石
山田锦
奈良县
露叶风
山田锦
兵库县
山田锦
山田穗
但马强力
办庆
早大关
爱山
古之舞
五百万石
白菊
新山田穗1号
和歌山县
山田锦
五百万石
玉荣
岐阜县
五百万石
飞弹誉
飞系酒61号
静冈县
五百万石
誉富士
山田锦
若水
爱知县
梦山水
若水
梦吟香
三重县
伊势锦
神之穗
五百万石
山田锦
茨城县
日立锦
五百万石
渡船
美山锦
栃木县
五百万石
栃木酒14
人心地
玉荣
美山锦
山田锦
若水
埼玉县
酒武藏
千叶县
五百万石
总之舞
神奈川县
若水
山田锦
群马县
五百万石
舞风
若水
改良信交
酒光

米的产区

喜爱日本酒的消费者，多数对兵库县产的山田锦酒米耳熟能详。由于其米粒大（淀粉含量高）、个性温和（给予安定度高的酿造）的特性，其在日本酿酒业界被公认为顶级优等生。好的山田锦也是相当重视产区地质，以主产区的兵库县来说，吉川町、加东市东条町及社町为特A级产区，主要是因为该地区的山坡地形与日照效果，造成10℃以上的大温差。另外，土地的养分（加东市与三木市的凝灰岩质地层所带来的矿物质养分）及水质的有机物等条件都是山田锦所爱。

古米指的是最原始的野生品种酒米，通常约150厘米，不易种植。为了降低种植的风险，减少对酿造不利的成分，并且能让其更加适应该产区的气候，通常会借由农业技术进行米的配种与改良。东北或较冷气候区域的酒米，都有一个共

通特色：耐寒。不同区域的酒米，有不同的特色。这就是产区的重要性。日本酒不光只有吟酿与否的等级之分，日本酒的原料魅力如同葡萄酒般，哪个品种在哪个产区被哪个庄园所酿造，该年的天气又是如何等，这些要素与产品的美味度绝对息息相关。

一瓶日本酒里约有80%是水。
在酿造过程中的用水量，是酿造米总重量的50倍之多。
水扮演非常重要的角色，酒厂地层下需要刚好有好的水源通过且源源不绝，
所以不是有地有钱就能酿清酒。
日本有句话说：好的水源边，一定有好吃的豆腐与好喝的日本酒，的确如此。

日本的百大名水沿岸，几乎都有著名的酒厂。或许以水选酒也是不错的方式。而硬水软水的差异，在于矿物质含量的多寡。硬水的钙与镁等矿物质含量多，软水中的矿物质则含量少。在没有特别留意的情况下，我们不太会注意到水的软硬度差别。以我熟悉的料理来解释，软水与硬水会改变我们的饮食文化。当我们想到法国料理，多半联想到加入大量红酒的烹调法，蔬菜多以蒸或烤的方式保留美味，料理多以鲜奶油作为收尾，主因就是法国的水为高硬度水，高含量的矿物质，导致烹调时蛋白质硬化，食材本身的美味无法释出。

反观日本料理却非常重视以水为主体的高汤烹调，并以享受食材的鲜甜美味为优先考虑。主因就是日本国内水质为软水性质，矿物质含量少，食材本身的甜味不易被阻挠，可自然释出。日本属于窄长形的岛屿国家，地质多山脉，雨水与雪水渗入地层再到涌出水源的距离短，可吸收地质融化的矿物质时间短，诸多火山地层本身的矿物质含量也较少，因此日本的水质多数是属于软水系。

软硬水的料理适用原则

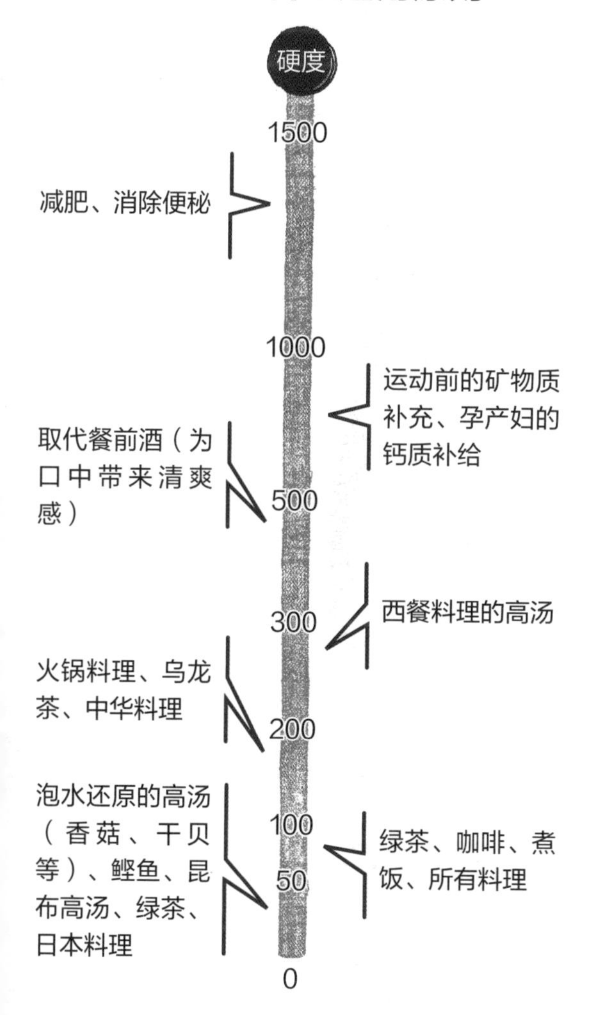

水的软硬度影响酒感

在酿造史里，重视水质始于江户后期。山邑太左卫门在兵库县的鱼崎与西宫各有酒厂，但老是觉得西宫酿出来的酒质，比鱼崎来得好且稳定，于是吩咐负责鱼崎酿造的杜氏（酿酒师）要向西宫酿出来的酒质看齐。杜氏换了道具，改了手法，酒质还是无法与西宫并齐。山邑太左卫门决定将西宫的酿造用水搬运至鱼崎使用，酒质大大提升。这让酿造界理解了水质的重要性，也再次确认西宫的水质适合于酿造，并造就了酿造名水“滩之宫水”。

矿物质含量较多的滩之宫水，酿造出来的酒有厚实、锐利与辛口的表现，似男子汉般。而在京都伏见的御香水水质中矿物质含量少，酿出来的酒质轻柔、甘甜，似温柔的女性般。所以当我们品尝到一款服帖于舌面的柔顺日本酒，可以称它为女酒。或当我们去清酒吧，想来杯较利落有个性的酒款，也可询问是否有不错的男酒可推荐。

酿造用水软硬度分类表

水的软硬度	日本酿造用水采用德国硬度标准 单位：dh
软水	<3
中软水	3~6
轻硬水	6~8
中硬水	8~14
硬水	14~20
高硬水	>20

日本酒的酿造用水软硬度采用德国硬度计算法，软硬分得较细。

酿酒过程

日本酒的酿造过程决定了酒质的味道表现，
复杂的过程考验着酒厂匠人的技术，
也是斟酌与微生物间的对谈技巧。

1. 精米:

米本身含有会产生杂质与影响香气的成分，如脂质与蛋白质。由于这些成分大多分布在米粒的外围，可借由研磨削去不必要的成分，削除后所剩的比例就是精米步合。例如：研磨掉外层20%，剩下80%称为精米步合80%。

2. 洗米:

经由洗净的过程，将精米步合后残留在米粒上的米粉末清除干净，同时也让米粒吸取适当的水分。

3. 蒸米:

以蒸汽的方式将生米蒸熟，通常需要40～60分钟，目标为蒸出外硬内软、有弹性的熟米。

4. 制麹:

由于酒精发酵需要糖质做转化，米本身属于淀粉，需要借由麹菌的力量。在制麹的阶段，麹菌在米粒上并将菌丝延伸到达至米粒的中心，再将淀粉转化成糖，这个过程称为制麹。

5. 制酒母:

这个过程会添加麹米、挂米（蒸熟米）、水、酵母及乳酸，主要目的在培养出强壮、健康及大量的酵母，以确保后续发酵过程顺利。

6. 制醪:

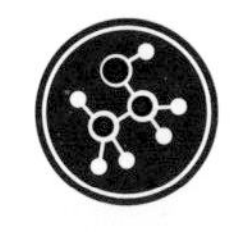

这个阶段为酒精产生的重要环节。日本酒的酵母菌虽在微生物界里属于弱者，但它有耐酸的本领。为了安全的酿造考虑，会先以酒母作为桶内的基底（约占6%），以四天分三次，每次投入挂米、麹米与水，以确保酵母的健康，从而进行酒精转化的发酵作业。

7. 榨酒（上槽）:

将发酵完毕的液体，进行沥出的动作。通过棉质的酒袋压榨，能将液体与发酵桶内所剩余的米粒糊分离。液体称为清酒，而米糊经压榨，呈现板状的部分称为酒粕。

8. 火入之一:

由于液体内还含有许多会持续工作的酵母菌与活跃的微生物，可经由65℃左右的热水进行低温加热杀菌法（如同巴氏杀菌法），以停止酵素活动。

9. 贮藏存放:

存放目的是让酒精的分子与水的分子结合，让酒质更为滑顺，酒体更为圆润。大多分为槽储藏与瓶储藏两种。

10. 装瓶:

将酒装入瓶内以做出货前的准备。

11. 火入之二:

第二次的低温加热杀菌法，再次确保停止酵素的活动，可在装瓶前或装瓶后进行，以稳定酒质。

12. 日本酒（完成）

品饮方式

品饮在酒精饮料文化上扮演着相当重要的角色。
威士忌、葡萄酒、啤酒、中国白酒、日本酒等，
都有各自品饮的方式与杯器，
也有各自的品饮笔记。
然而品饮这字眼总是让人觉得太专业，
好像不是专业人员就没办法
在大众场合发表自己的看法与感想，
不过，我对此有着不同的看法。
虽然很多酒依然通过专业品饮来决定价值，
但这件事，就让专业的人来做吧！
我们品的，可是愉悦的时光啊！

身为一般消费者，品的是“喜好、合不合胃口”。喝酒就是要开心。喝下肚的是自己，付钱的也是自己，了解自己的喜好才是最重要的，毕竟愉悦与放松心情是喝酒的最大目的。对我个人来说，品饮的目的除了判断酒质有无损坏，最重要的，还是在于找出酒的特征。没有所谓的好酒坏酒，只有每个人的喜好区别。所以我常开玩笑说：品饮不是用来了解酒，而是用来更了解自己。

在日本酒的文化里，将品酒称为“唎酒”（Kikizake），古时也称为“闻き酒”。有一则有趣的由来是说，以前负责品饮的大多是酒造的杜氏（酿酒师）。在酿造阶段，发酵产生的二氧化碳会产生气泡，在不同阶段，气泡的大小变化与速度，会产生不同的啵啵—啵—啵啵啵的声响。发酵的声音，在宁静的夜里，仿佛与杜氏对谈。但在诸多的古文记载里，香气是用鼻子来闻的，而观看酒的色调，用嘴来品饮以及慢慢地闻酒，日语里用“kikizake”来表示这一连串的品酒动作。又因“kikizake”与带有敏锐之意的“利”字发音相同，而品酒是用嘴，故将“利”字加了口部，就成了唎酒（Kikizake）。

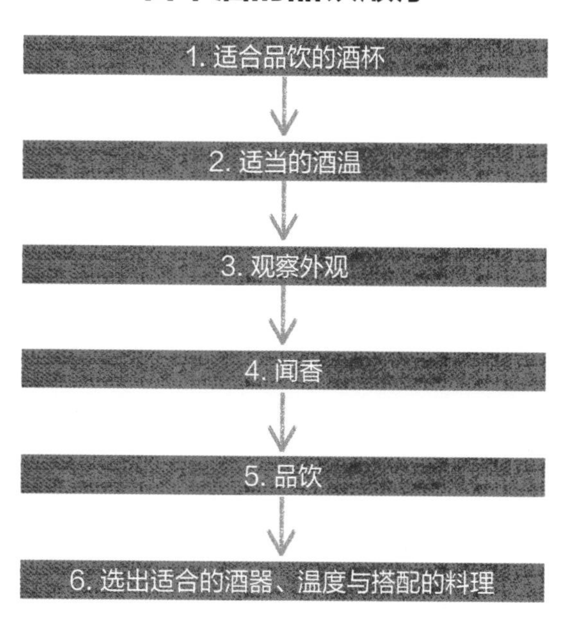

适合品饮的酒杯

个人推荐使用标准的ISO葡萄酒杯，或较宽口径的蛇目杯，它们能更直接地表现出酒的香气。或许很多人都会对日本酒用葡萄酒杯品饮产生疑问，但无论是品饮葡萄酒还是日本酒，口径大的杯器会更能表现出优异的香气，因此用葡萄酒杯来品饮日本酒是最佳的选择。

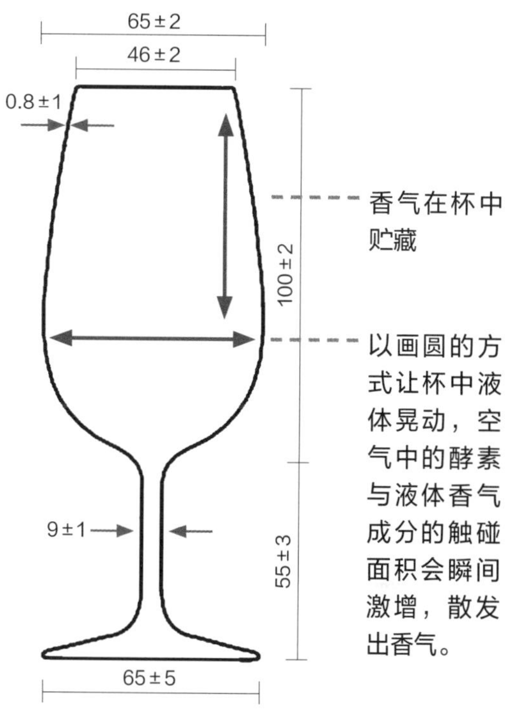

（注：图中单位为毫米）

适当的品饮温度：15℃

品饮温度是决定日本酒魅力的重要因素之一。相较于其他酒类，日本酒有相当宽广的品饮温度带，从5℃到55℃，以5℃为间距，每个都有专属的名称。在日本也有经过认证的焖酒师，焖的日文发音为Kan，指的是将酒加热的动作。适当的品酒温度，推荐在15℃上下。温度过冰，香气会被封锁住；温度过高，香气挥发快，这时也会感到酒精的气味较明显。

对一般消费者而言，或许最想知道什么样的酒需要温饮，什么样的酒需要冷饮。在这里，我还是比较注重我们自己喜欢什么样的味道表现，再依据温度会产生的变化特性来做调整。这种多元性的表现，正是日本酒的有趣魅力。虽然有些酒厂在酒标上会特别推荐试饮温度，来表现出酒厂最希望让消费者感受到的特质，但味道的表现其实跟料理一样相当主观，没有所谓的大吟酿酒不能加热的规定。了解自己的喜爱，再作适当的调整才是王道。

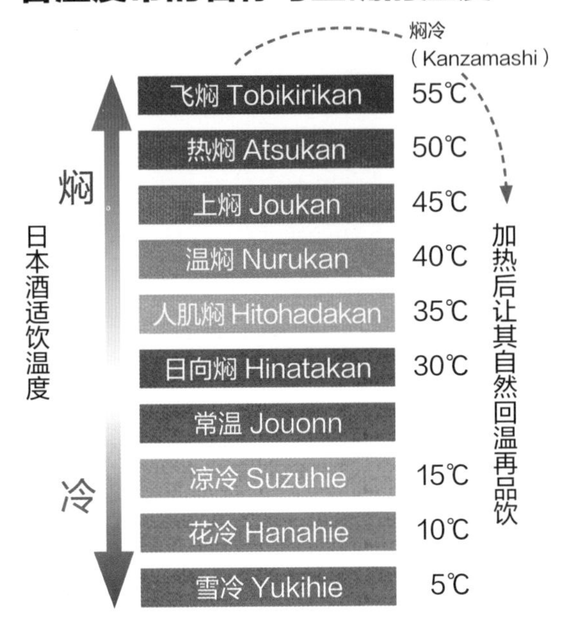

温度对香气表现的影响

温度越低	香气成分	温度越高
较锐利。杂味降低	整体香气表现	味道要素扩散。失去清爽感
感觉较弱，清爽感增加	甜味香气	扩散开。黏稠度增高
清爽感增加	酸味香气	软化，膨胀感增加
刺激性增加	苦味香气	软化，厚重感增加
表现较锐利	酒精香气	挥发性高

温度对味道表现的影响

温度越低	味道成分	温度越高
较弱。清爽感增加	甜味	扩散开。甜味较明显
清爽感增加，较锐利	酸味	软化，膨胀感增加
刺激性增加，较锐利	苦味	软化，厚重感增加
较锐利，收敛感	涩味	软化，扩张感较明显
较低	旨味	旨味提升，较明显
各味道表现较锐利感	酒体	加热时促进熟成，酒体圆润度及饱满度提升

观察外观

外观的观察，就是看酒的色调与黏稠度。色调给酿造过程提供差异的线索。握住杯座以画小圆的方式，让杯内液体顺时针或逆时针绕着杯壁旋转，杯壁内侧流下一条条似溪流般的液体，称为脚或是泪滴。黏稠度提供酒精浓度高低的参考值，或是酒体饱满与否的参考线索。液体留下的速度越慢或越呈现黏稠，可能代表酒精浓度偏高或是酒体的饱满度、甜度或旨味表现较明显。但酒这门学问深，喝了才算数，这只是让我们观察的一种方法。

闻香

闻香可分成两阶段：一个称为上立香，即在液体呈现静态时，鼻腔离杯口约20厘米所嗅到的香气；第二个则是酒杯以画圆的方式让杯内液体晃动，空气中的酵素与液体香气成分大面积地触碰，会瞬间激增香气的表现。香气可能有花香、果香、原物料香、草本香气，或是只闻到单纯的酒精香气，这个步骤就能让你更容易了解自己偏爱的香气与不爱的香气。

品饮

将约10～15毫升的酒体送入口中，以微吸气的方式，利用空气让液体在舌面上有充足的翻动，用整个舌头去感受酒质，分析其在味蕾上的味道表现，再将酒吐出。甜味的表现、酸味的表现、圆滑的表现、强烈的表现或是顺口的表现，甚至这酒我爱喝等等，都是一种品饮的体验方式。而残留在口腔中的味道我们称它为余韵，有些酒质会呈现出悠长的回甘余韵，而有些酒质只留下短暂的酒精感。在品饮时，我们也可以试着去注重由口吸进空气，再由鼻腔来吐气时，由鼻腔中的嗅囊，所感受的香气表现。这种香气我们称为含香，可以嗅到酒质内部的香气表现。

归纳出适合的酒器与适饮温度

经由品饮的步骤，我们大致可以了解酒的特征与本身是否喜爱这款酒。如果爱，恭喜你，你更加了解自己。如不爱，也请等等。因为日本酒的魅力除了香气酒体外，还有多元的酒器文化与品饮温度带的宽广特质。运用一些简单的知识，或许还有机会让你对这支酒改观。

日本酒的香气与色调

当感受到日本酒散发出近似哈密瓜的果香，
不禁令人怀疑酒中是否加入了哈密瓜；
以米为原料的日本酒，又该呈现出何种色泽？
答案，就存在于肉眼看不到的微生物中。

日本酒的香气由来

有些日本酒可以闻到似哈密瓜的香气，是因为酒有泡哈密瓜的关系吗？在一些日本酒里，多半指吟酿或大吟酿酒，会有类似哈密瓜、香蕉、苹果、蜜桃、水仙等不可思议的香气表现。这些香气其实来自低温发酵时，酵母产生的芳香化合物，特别是己酸乙酯，有着类似苹果、梨般的香气，以及乙酸异戊酯，有着类似香蕉或哈密瓜般的香气。这两种为吟酿香的两大主体，除了这两种较为熟悉的香气成分外，尚有类似玫瑰、康乃馨、橙花的苯乙醇以及其他约100种的香气成分表现。

要激发酵母产生这样的香气成分，除了选择酵母的品种外，在酿造时要“欺负”酵母（虐め），施予压力是很重要的。我常觉得日本社会相当压抑。在工作上，上级所给予部下的压力与期待，是一般人无法想象的，但也因为这些压力，激发出各种的可能性。我也曾在日本工作了一段时间，用欺负（虐め）这个词，虽然感觉负面，但在字面的背后，是有着望子成龙的心态。其实酵母本身不太喜欢低温，而酵母产生的香气，却是因为酿造所给予的低温环境，让酵母不得不适应温度，产生可以保护自己的耐低温的元素。在这过程中，因为低温而展现出香气成分的表现，有些酵母也会因为低温的欺负，产生锐利的酸味表现，这也就是吟酿香的产生过程。

日本酒的色调意义

日本酒到底是什么颜色？昭和后期的日本酒，多半以透明色调代表酒的美味感，同时也是洁净的象征。此外，在每年重要的日本全国新酒鉴评会中，透明色调为基本的评分底线，或许主要原因是一般消费者普遍认为日本酒应该是无色透明的。但日本酒的原色其实是带点黄色与微绿的色调，主要是因为原料米、米麹与酵母经由酿造过程产生的氨基酸与葡萄糖所反映出的本色色调。另外，稀有的高价古酒则呈现琥珀色。一般酒会变成透明色，这是靠活性炭来脱色，古时则在酒液体里放入炭来吸色，这样也可以去除酒质里较不好的味道，但相对的，好的味道也会一并被去除，因此有了俗称“无个性化”的商品之称。

现在，随着酿造技术的发展，越来越多的酒厂希望通过商品传达自家风格，并能呈现出原汁原味的商品，所以他们选择不使用或只添加少量的活性炭进行过滤。慢慢地，以前被认为是质量不好的淡黄色色调，演变成代表酒质特色或是酒厂匠心之作的色调。一般消费者或许常会因此产生误解，因为当日本酒遇到光害或遭受高温产生劣化时，也会让酒质呈现黄色色调。

想要分辨与避免上述情形，建议可以这么判断：当酒标上写有“古酒”或“○○年秘藏酒”时，基本色调通常呈现由淡到浓的琥珀色调；一般的生酒、新酒、无过滤酒同样也会带点微黄色色调。香气表现上除了原物料的米产生的香气，也有奔放如花果般的香气类型。

至于劣化酒，除非是在酒标上所标示的出瓶日期经过多年后才开瓶，且没有在适当温度下保存，已经成为自家熟成的商品除外，否则只依照颜色辨别酒质优劣确实有些困难。不过若是酒标上没有“无过滤”、“生酒”或“新酒”等字样，酒款多半呈现无色透明状态。如果倒出时微带黄色，这时我们就需要特别注意。酿造法规并没有强制规定酒厂需要标示其酿造法，所以无法百分之百地断定是没经过脱色处理的匠心之作还是劣化商品，这是比较困难的地方。劣化酒与刚刚所提的无过滤酒色调相近，唯一比较明显的不同，是在香气上带点如同焦味般的气味，有些则是在味道上呈现较刺激性的酸味或喝后有不舒服的表现。因此结论就是，日本酒的原色是微带黄色的色调，经活性炭过滤后会呈现透明色。在妥善保存的前提下，依酿造的方式不同，也可能出现不是透明色调的酒款，所以微带黄色色调并不一定代表酒质劣化，劣化的酒也并非不能饮用，只是非酒厂期望的能提供给消费者的味道质量。酒质的劣化与否，是需要经由品饮才能做出判断的。

常用的酿造酵母种类与特色

协会6号（新政酵母）	发酵力强，清澈稳健的香气
协会7号（真澄酵母）	香气芳香，发酵力强
协会9号（熊本酵母）	华丽香气，酸味表现比7号弱，适合吟酿类别，属于最广泛运用的吟酿酵母
协会10号	吟酿香气高，酸味低
协会11号	生命力强，苹果酸含量高
协会12号（浦霞酵母，宫城酵母）	香气高，低温发酵效能强，酒质优秀
协会13号	结合9号与10号酵母的特征，酸味低，吟酿香高
协会14号	又称金泽酵母，酸味低，洁净酒质，香气稳健
无泡沫酵母（协会 701 号，901 号，1001 号）	分别用7、9、10号酵母为原体所研发出相同特性的酵母，且发酵时泡沫少，能有效提升发酵桶内的酒质产量
无泡沫酵母（协会1801号）	发酵力强，酸味低，吟酿香高
静冈酵母	酸味低，吟酿香高
秋田流华酵母	酸味低，吟酿香高
长野阿尔卑斯酵母	产出高量的己酸乙酯，味道收尾干净且吟酿香优秀
Abelia酵母（花酵母）	吟酿香气优秀

日本酒的保存

日本酒的酒体细腻，
类型不同的酒款个性亦有所差异，
适当的保存条件，最能呈现与日本同步的美味。

保存期限的意义

日本酒可以放多久?这个议题一直都有许多争议。日本酒属于高酒精浓度的酿造酒款，在有酒精杀菌作用的情况下，虽没有腐败的问题，但是我们需要了解酒厂所想表达的赏味期限。在日本的日本酒酒标法规中，只有需要标示制造日期的规定，但这个制造日期跟我们一般认知的不同。酒标上的日期，指的是酿造完毕后，以新鲜或是经过时间熟成后，准备好出货给消费者的装瓶日期，这与我们对同样是酿造酒的葡萄酒制造日期的标示定义有所不同。

葡萄酒标示年份是该酒款酿造年份，由消费者判断适饮期，可直接品饮该年的新鲜酒感或存放数年后开瓶，期待经由熟成所变化出的适饮期。

日本酒标示日期是该酒款出货装瓶日期，由酒厂判断适饮期，在最佳的状态下装瓶出货（有可能已在酒厂内经过一两年甚至更长的熟成期），直接传达零时差的美味给消费者。

赏味期限的意义

日本酒的赏味期限可以这样解释，在赏味期限内，品饮时的香气与味道，正是酒厂最想表达的品质。超过了赏味期限，香气与味道有可能会偏离酒厂想表达的设定。赏味期限到底是多久呢？一般以两大类酒款区分赏味期限：一类为有经过低温杀菌（火入）酒款，一般赏味期限约为一年前后；另外一类为没经过低温加热杀菌酒款（生酒），一般赏味期限约为半年内，日文酒标上通常会有注明“生酒”、“本生”字样。但是这些期限都需要在适当的保存管理与未开瓶下才成立，也就是低温储藏与避光。

清酒的日期标示

日本酒的香气与味道表现来自氨基酸、蛋白质（酵母）、糖分与其他微生物，这些微生物在瓶内会产生化学反应，俗称熟成。当达到一定的临界点，香气与味道上的表现就会产生变化，多数会产生似焦香、绍兴酒、坚果或渍物的香气，这类变化和酒厂想表达的风味不同，所以称为劣化。使用劣化一词看似负面，但我一直强调味觉是相当主观的，也有可能经过熟成，变化出你所喜爱的味道也不一定，这也是日本酒的趣味所在。

若因酒的劣化，导致我们对此酒款的评价不高时，可以将剩余的酒用于烹调上，或泡澡时加入约500毫升清酒，有加速代谢排汗的效果。而没有经过低温加热杀菌酒款所追求的是新鲜感，酒在无杀菌的情况下所含的微生物数量较多，瓶内的化学反应也会较快，尤其是被称为火落菌的一种乳酸菌种会让酒色变浊，污染酒质。这也是生酒类别的酒款，在赏味期上都会比经过低温杀菌的酒款短上许多。

保存管理的重要性

日本酒是一种非常细腻的酿造酒款，随着日本酒个性化的呈现，酒标上标示“无过滤酒”或“生酒”酒款，代表着酒质里众多微生物酵素是持续在活动。高温会让酵素活动加快，而出现了熟成过头的问题，这属于高温劣化。而紫外线照射，尤其是透明瓶身的酒款，在阳光下直射约40分钟，马上会有明显的色调变黄与味道劣化，这称为光害劣化。低温与避光相当重要，因为紫外线与高温会促使化学反应速度加快，劣化的时间点也将会比预定的赏味期限更早到来。使用劣化的字眼，是因为酒没有坏掉不能饮用的问

要享受酒的香气与美味，一定要做好保存管理

题（我也曾试过虽是劣化，但自己觉得相当美味的酒款），仅仅只有跟酒厂设定希望提供给消费者的味道是否相同的问题。

尤其是在海外，商品经由船运或空运的隔海运输，再经由代理商、经销商、贩卖店之后，才到我们手中。当然，大多数的代理商，在运送过程中都会很注意温度的管控，只是相较于日本本土，海外运输会造成劣化的要素较多，身为国外消费者，需要更加小心。比较保守的我，建议当我们将酒买回家时，无论酒的等级如何都要包上报纸避光，并放置于约5℃～10℃的冷藏设备中储存，降低光害与温度劣化的风险。许多人去一趟日本一定会买些稀有且高价的日本酒回来，觉得不放在客厅展示一下很可惜，但是一放就一年半载，我想酒很有可能已经自家熟成，将酒倒出来有可能是已带有些香菇味，或是变成焦味并呈黄色的劣化酒。

通过日本海外与日本境内的一般销售流程，我们可以了解出口到日本海外的日本酒流程比日本境内来的复杂，影响瓶内劣化要素的风险升高，这也是为什么日本酒在日本海外的保存管理，应比在日本境内更加谨慎，这也间接解释了为何在日本卖场许多日本酒并无冷藏保存，但在海外却需要冷藏保存的原因。

自家熟成

或许许多人对于自家熟成有兴趣，确实我自己本身也会偶尔尝试。但是自家熟成纯粹属于个人对酒的变化所做的研究行为，并非熟成必有美味的结果。如果真想要研究自家熟成，首先我会建议要有一台专门放置日本酒的冷藏设备，好比葡萄酒收藏家不会将酒明晃晃地放在客厅的开放空间保存是一样的道理。入库的日本酒都包上报纸避光，温控建议在0℃～3℃之间（或是依照酒厂的推荐储存温度），至于何时能开瓶品饮，只能通过开瓶并且品饮，才知道酒的变化程度，以及是否符合自己的喜爱。

同一款酒会建议多瓶购入以方便测试。对我而言，这是显而易见的结果。酒体变得圆润且多层次，或是延伸出类似绍兴酒的风味。我个人在选择自家熟成酒作测试时，纯米酒系、米的品种与对该酒厂的了解，是我会考虑的要素。话说回来，日本酒的特色，在于酒厂会以最好的酒质状态，选定出货日期，这代表很有可能买到的酒款已经经过酒厂1年甚至3年以上的熟成，与其像我一样喜爱自家练功，还不如趁着在推荐的品饮期内多喝一点。

日本境内与海外的日本酒销售流程

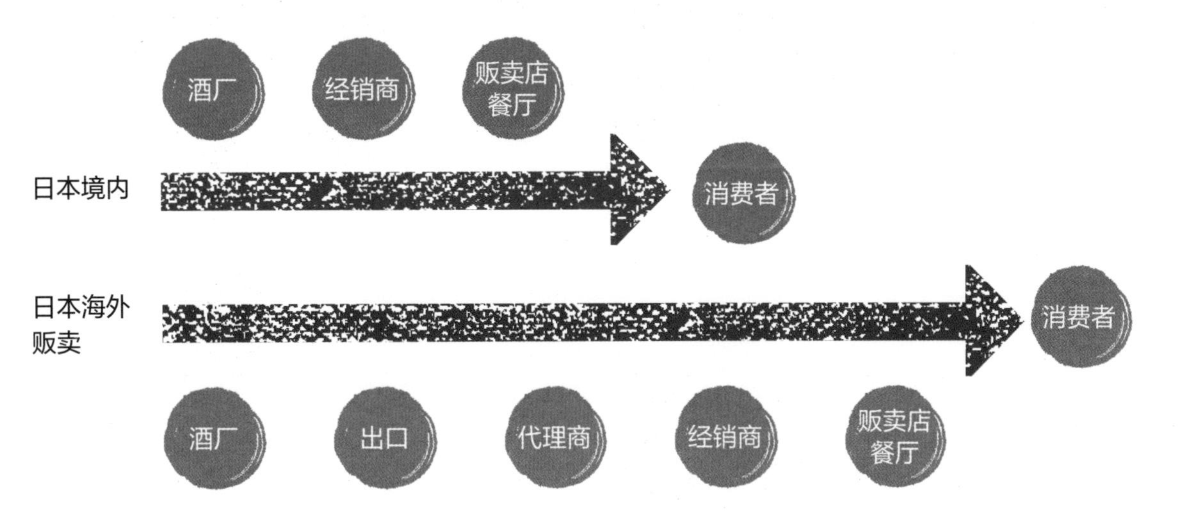

品饮器皿

同样一款日本酒在不同的酒器里，会表现出截然不同的风味。
了解酒器因外形所产生的物理变化，
以及搭配地方酒器的文化，能让日本酒的美味更上一层楼。

我们可以将酒器可以分成两个方向来探讨，即杯型与材质。杯型有高有矮，有宽也有窄，首先依据香气去作简单的选择判断。依据我们品饮过后的特征，如果是我们所喜爱的香气表现，可以选择较宽口径的杯型，如喇叭杯型、葡萄酒杯型、大蛇目杯型等，主要的用意是让液体较宽广地接触空气面，这样香气在杯里的贮藏空间也较充足，品饮时，香气成分能较容易地表现出来。另一个理由很简单，宽口杯方便我们用鼻腔做闻香的动作。相反地，如果选用小口径的一口杯，光用鼻腔去闻香气就很困难，更别谈要去享受它的香气表现。所以，如果品饮过后的酒款，是我们不喜欢的香气表现，可以选择口径较小，香气表现较弱的杯型，多注重在味道上的表现而非香气。

杯型

杯型的口径大小，也是影响味道表现的重要因素。当我们的嘴去触碰宽口径的杯型，嘴会自然向左右两侧延展，有点像发出日文拼音“へ”（嘿）的嘴形。这时酒液向嘴内侧送时，会容易向对酸味较敏感的舌面两侧送，因此，酸味的表现会较明显。口径较窄的杯型刚好相反，饮用时嘴形会呈现日文发音“う”（呜）的感觉，这时舌面会些许地向口腔下放，饮用的酒液容易直接送到舌根，避开两侧的酸味敏感区。但由于舌根的味觉，是对苦味较敏感的区块，辛口（酒精感）感会表现得较明显。而就直筒杯型而言，酒液送入口腔时，直线的杯壁让酒体的滑行速度较快，杯体与口腔呈现一直线，酒体较容易直接送

较锐利。而滑面材质与粗面材质的差异，则是在酒液流入口腔时的速度，滑面速度快，清爽与锐利感则增加；粗面速度较慢，味道表现层面则较宽广。

材质

材质的种类上有玻璃、漆器、瓷器、烧窑及金属等，在视觉上会呈现清凉或稳健等不同的印象。透明材质（玻璃、水晶）和金属（锡）会呈现出清凉感的表现。烧窑、漆器和陶瓷呈现出温暖与厚实的感觉。金属与陶瓷具有导热与保温的效果。我不否认杯器所表现出的视觉印象是重要的，但这多半是脑波所给予的记忆感受，且多少会在品饮前有先入为主的情况。烧窑酒器展现出沉稳的美感，陶瓷展现出从素雅到华丽的多变风情，漆器代表着传统美，而玻璃的江户切子和哨子杯则展现出锐利感。当看到粉色的玻璃江户切子酒器，会有如春季的清凉轻盈感，所有这些或多或少会让我们在品饮前对酒质产生类似感觉的期望，因此，选择酒器材质也是一门学问。

近年来流行的金属酒器为锡制酒器，据说它有杀菌功效，是古代君王爱用的酒器材质。锡除了表现出稀有和价值感，保温与保冷效果佳，也有让酒质呈现较圆滑的作用。简单的试验：将同一款冷酒倒入冰镇的玻璃酒壶与冰镇的锡制酒壶中，待约1分钟后倒入杯中品饮，通过锡壶的酒质，会很明显地呈现较黏稠与较滑顺的酒感。

日本酒器相当多元，许多酒器都代表着地方性的文化，如有一百万石城之称的金泽，有着代表华丽感的九谷烧，也有将海藻覆盖于器具（素胚）上，烧制结束后产生火色“藻挂”的爱知县

入舌面后端，如果选择轻酒体，会让人容易在入喉处感受到舒畅。当我们希望能多表现或抑制酒体的酸味和辛口感时，便能利用杯型来调整。

再来说说杯口的厚薄度。厚杯缘的杯型触碰到唇面时，上唇与下唇会有包覆杯口的习惯，受到上唇向前包覆的影响，舌面会自然向下颚垂下，当酒液进入口腔，舌面可以充分去感受味道的表现，因此厚杯缘的酒器适合带旨味的酒款。薄杯缘的酒器触碰唇面的面积小，神经分散注意力少，舌面不会如遇到厚杯缘般地向下垂，酒液入口时，能迅速由舌尖流向舌根，味道表现上会

影响香气与味道的变化要素

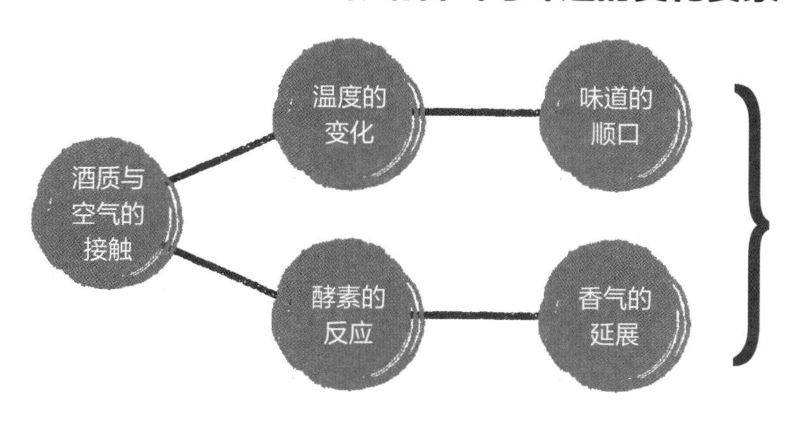

需注意酒器的表面积、宽窄度及材质与杯器的深度。依据物理与化学反应，选择适合的酒器。

日本传统的酒器文化

1. 呼应季节选择样式

2. 选择地方工艺名品

地区	器具特性	适合表现的酒质
石川县九谷烧	以绿、黄、紫、蓝、红等色调，呈现出绚烂豪华的彩绘风格	华丽
滋贺县信乐烧	朴实却具内涵感，主体为红褐色，且带绿色与黄色的自然釉	饱满厚实
岐阜县美浓烧	色彩丰富，其中又以刻意扭曲而产生不对称美的“织部”为代表	轻盈或厚实
爱知县常滑烧	将海藻覆盖于器具上而烧出的火色藻挂，以田土烧制的朱泥急须为代表	滑顺
冈山县备前烧	不使用釉药，以灰烬自然的飘落，产生自然的图案	饱满厚实
佐贺县唐津烧	以灰釉、长石釉及铁釉的组合烧制，其中又以“斑唐津”最为珍贵	饱满厚实
山口县荻烧	由于泥土与釉药的收缩率不同，冰裂纹、渐变色是其特征	饱满厚实
佐贺县有田烧	从朴实绘画的“初期伊万里”到颜色深沉的“古九谷烧”再到半金色图样的“古伊万里”，各种样式都有	华丽或清爽

常滑烧，还有代表长野山区文化的岩鱼德利，代表北海道与三陆地方海岸文化遗产的花枝德利，也有倒出酒会有似鸟叫声的笛德利（莺德利）。其他像是冈山县的备前烧及山口县的萩烧等，多元的地方特色酒器与该产区的酒款和料理结合后，就构成了我们常说的地酒文化。

酒器形体

日本酒器有千百种，既有趣味，又有文化，这也是日本酒的魅力。在众多酒器文化上，我先列举四个常听到的酒器形体来做介绍：德利、盃、猪口、吞杯。德利为目前最常看到的倒酒容器，壶身宽、颈部窄。在日本酒普及前，德利多半是用来装酱油及醋的容器。其名称的由来众说纷纭，如有倒出液体时，会有TokuToku声音的说法；也有酒装入德利后，看起来比实际容量还多的划算（Toku）的说法，但最可信的说法为，由日文中形容深瓶子的词汇“云具理”的发音转变而来。虽无正解，但诸多的传说也增添了不少趣味。

“盃”字的缘由来自“杯”，在日文中的发音也相同。盃的种类相当多，有漆器、木制、陶瓷、玻璃等，形状似浅的圆盘，多半都有脚台，是从一般居家品饮到婚礼祭神都常见的杯型。有人觉得盃形似盘子，但就如其名，“盃”仍属于“杯”，而非“皿”。猪口杯通常指杯口宽杯底窄的小容量酒杯，多半适合一口或两口喝完的容量酒杯。由于容量较小，猪口杯适用于需要精密温度控温的酒款。吞杯，形体与猪口杯相似，但容量比猪口杯大，适用于可以享受温度变化的酒款，或是属于居家的日常品饮酒器，可以盛装酒的量比较多。

酒器选择的基本概念

香气

讨喜的香气		较不讨喜的香气		
喇叭杯型	葡萄酒杯型	壶状杯型	直筒杯型	开口杯型

温度敏感度

敏感		享受不同温度带的表现
有脚的杯型	小容量的杯型	容量较大的杯型

强调

甘味及旨味	酸味及清爽感	酒精感及舒畅感
厚质地	薄质地、宽口径、直筒型	薄质地、窄口径

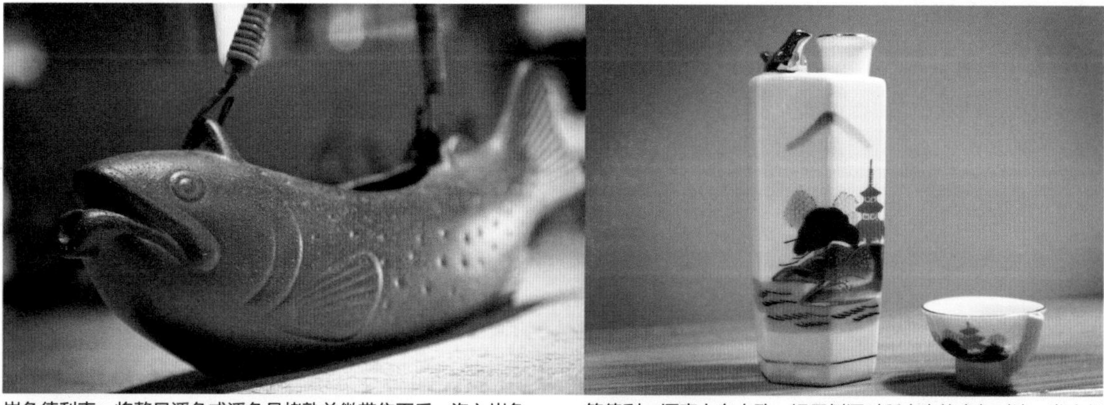

岩鱼德利壶：将整只溪鱼或溪鱼骨烤熟并微带焦面后，泡入岩鱼德利温酒中，将酒质散发出的微焦香与溪鱼的微油脂结合的特有的山区品饮文化

笛德利：酒壶上有小孔，运用倒酒时所产生的空气对流，发出似鸟叫声的有趣酒器

轻松读懂酒标

酒标，就像是日本酒的履历，
每个词汇都代表着酒厂的期许和执着。
通过酒标能传递商品的特征，
这是选购日本酒时的重要线索。

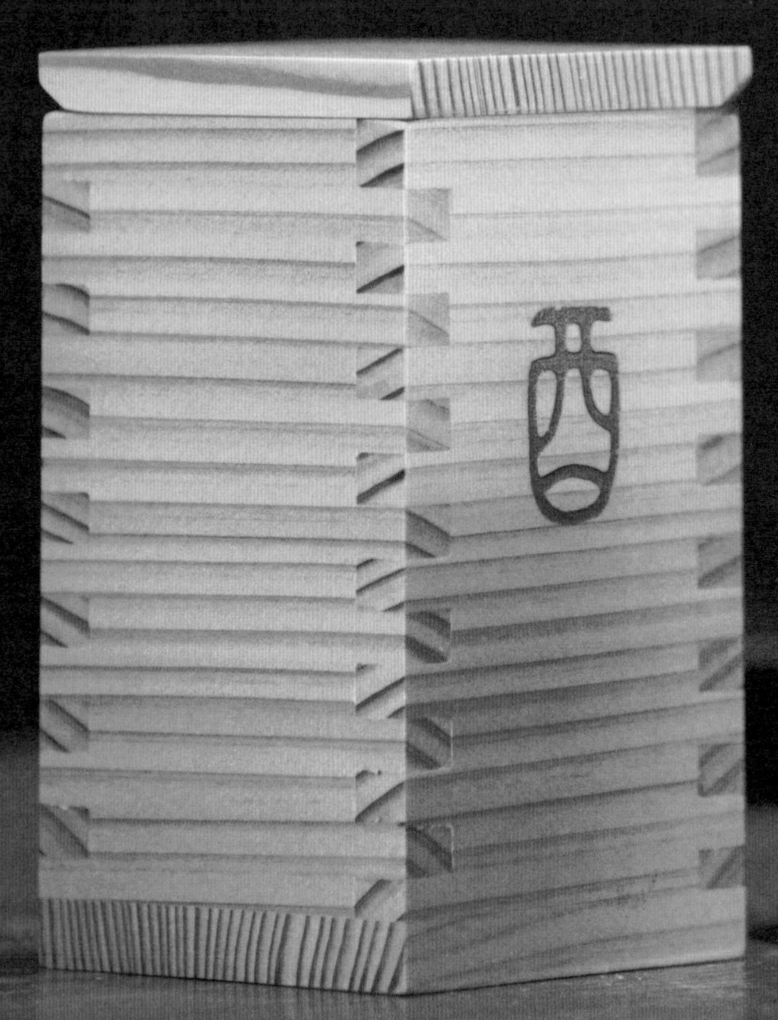

日本酒的酒标，是个外行人看不懂，内行人却觉得有趣的信息汇集处。基本上，日本酒的酒标信息分成两个类别：1.酿造法；2.“酒税法”或“酒类业组合法”等相关标示法规所规定必须标示的信息。我个人觉得日本人很可爱。如果大家的酿造法，都以最一般的标准方式来做，酒标并不会标示太多的酿造信息。但如果跟标准的酿造法有些不同，大多的酒厂都会选择在酒标上注明。于是，就出现一个有趣的现象，如果每个阶段的酿造法，都属于较特别的，酒标上的品名，可能就会出现长达十几个字才会念完的状况。不懂的人会觉得这字太多，懂得的人会觉得这是判断与了解这支酒特质的重要线索。无论如何，酒标上的信息，都是酒厂最希望传达给消费者的讯息。

特定名称酒与普通酒

特定名称酒是以酒税的规定与酒行业的相关法律为依据。例如大吟酿、纯米吟酿、本酿造等。因为遵守规定才有资格放上特定名称，通常有特定名称的酒款价位会比较高,但并不代表没有特定名称的酒款，就是属于不好的酒款。举例来说，近年也有酒厂采用原料属于在认知上较差等级的“等外米”（等级以外的酒米），因此在规定上不能挂上特定名称，在酒标上自然就找不到任何类似“吟酿”字眼的等级叙述。但近年来酿造技术先进，许多好酒在跳脱特定名称酒的规范下酿造，虽没有特定名称的加持，但还是具有美酒的表现。或许几年后也会有许多跳脱特定名称束缚的美味酒一一上市。此外，没有依照特定名称酒的规范则称为普通酒，在海外比较少见普通酒的流通。但在日本，普通酒的销量却占市场的七成左右，是主要的销售市场。

特定名称酒主要分为纯米酒类与本酿造类。纯米酒类表示酿造原料中没有添加酿造酒精，本酿造类表示有添加规定内的酿造酒精。而精米步合的不同，会给予不同的特定名称。一颗米削去一半（精米步合50%）以下，就是大吟酿等级，在大吟酿的基础上少削掉10%（精米步合60%）就是吟酿等级，这两者如果都没添加酿造酒精的话，名称分别是纯米大吟酿与纯米吟酿。而纯米酒等级的规范则没有精米步合的规定，只要没有添加酿造酒精，就算以糙米酿造，也可以称它为纯米酒。至于本酿造酒，指有添加规定内的酿造酒精，而且精米步合必须在70%以下的酒款。另外，麹米的用量需占总用米量的15%以上，不符合以上条件的均称为普通酒。

若在酒标上看到标示特别纯米酒或特别本酿造的酒款时，这“特别”的意思指的是在同样的酒款上，采用有别于一贯的酿造工艺，基本条件可以达到精米步合降至60%以下，或是在原料上升级，如将原本采用总米量50%的山田锦米换成原料全量100%的山田锦米，就符合标示“特别”的条件，但在酒标上需说明变更的事项。换成料理的语言来说，原本一间寿司店都采用当地的鲔鱼做寿司，但今天采买的是日本大间的一本钓鲔鱼，从原本的名称“鲔鱼寿司”（纯米酒），可改名成“大间鲔鱼寿司”（特别纯米酒）。同样都是鲔鱼寿司，但有所不同。

酒标知识快问快答

Q. 精米步合40%（削去60%），只用米、米麹及水为原料，属于什么特定名称?

A. 纯米大吟酿。

Q. 精米步合20%（削去80%），只用米、米麹及水为原料，但米等级为等外米，这种酒的类别是什么?

A. 普通酒，因为特定名称酒是需要米的级别为1~3级内。

Q. 酒标上找不到任何精米步合，也没有特定名称，是什么酒?

A. 普通酒。

其他酒标上的常见文字

樽酒

樽酒主要是储藏在杉制樽木桶中，带有清凉芳香的特质，是杉木的香气转移至酒质内的日本酒类别，特别以奈良县的吉野杉做成的储藏桶最出名。现在多数酒厂采用对酒质不会有影响的不锈钢或珐琅质储酒槽，但在昭和初期以前，酒厂都采用木质储酒桶，因此，可以说在昭和初期之前，所有的酒都属于樽酒。

斗瓶

斗瓶又称为雫酒、袋吊。属于上槽（榨酒）方式的一种，将榨出的日本酒，装入斗瓶（18升的特别容器）里。袋吊与雫酒的意思相同，都是经由特别方式榨取的最高级品，不使用外力压榨，而是让酒呈现自然滴落。因其拥有非常丰郁且华丽的香气，在日本全国新酒鉴评会中属于常得奖的类别，可说是吟酿酒类别的终极版。

杜氏

杜氏是指挥所有相关酿造的总负责人。酿酒团队里的领导者称为杜氏，各个地方的酿酒团队，各有不同的名称，例如：南部杜氏、越后杜氏、但马杜氏等。各个流派有不同的酿造方针与风格。

生酒、生诘酒、生贮藏酒

生酒、生诘酒、生贮藏酒属于完全不同意义的三种酒款。日本酒通常为了稳定质量，都会进行两次“火入”（低温加热杀菌作业）。完全不进行火入作业，称为“生酒”。生酒在瓶内酵素与微生物活跃的状态下直接出货贩卖，因为很容易受到温度影响，在物流及保存控温上都需要非常小心，在冷藏物流未普及的时期，是需要到酒厂才能喝到的酒款。而在两次火入（低温加热杀菌作业）中只进行第二次火入，称为“生贮藏酒”，其中较多属于可以豪爽饮用的轻盈酒感类别。在两次火入中，只进行第一次火入的称为“生诘酒”，它们大多在火入后会进行半年以上的熟成作业，再出货贩卖。

浊酒（にごり酒）

浊酒是充分表现出米特质的浊白色日本酒酒款。因为它在酿造中会使用网目较大的布质酒袋进行过滤，所以会残留一部分固体颗粒。用滤网沥出（压榨）的动作相当重要，根据酒税法规定，未经压榨就无法称为日本酒（清酒）。近年来，微浊白的酒款相当受到消费者青睐，外观的浊白色泽有时也会被称为霞酒。

冷卸酒（冷やおろし）

冷卸酒在日语中或称为“秋あがり”，意指经熟成而呈现圆滑酒质的秋季酒物语。春天酿造而成的日本酒经过一个夏季的熟成，当日本酒槽的温度与户外温度大致相同时（约在秋季），不经过火入作业直接装瓶出货，称为冷卸酒（冷やおろし）。冷や（＝冷），おろし（＝出货）为名称的由来。冷卸酒熟成后有着深度的香味特色。从前的日本酒大多熟成半年后才出货，因此每年的秋季为出货期。现在这种酒款以季节特定商品的模式，在9～10月期间贩卖。

生酛

生酛是最传统的日本酒酿造手法。它运用自然界天然乳酸菌的力量，排除杂菌，并有效培育酵母（制酒母），在作业中有进行“山卸”（以木杵搅拌及捣碎酒米）作业。明治时期以前，酒母制造多半采用生酛酿造，现在则只剩1%的酒厂采行此法。生酛酒质多半呈现有深度的酒感，适合温饮，但近年来也有以清爽酸味伴随着吟酿香呈现的冷饮作品。

山废酿造（山廃仕込み）

山废酿造是由天然乳酸菌孕育出的浓醇口感，与“生酛”不同的是，“山废酿造”没有进行“山卸し”（捣碎酒米）的作业。制造生酛酿造过程中的捣碎酒米作业，需要付出相当大的劳力，直到1909年在“国立酿造试验所”的实验报告中，证实在制造酒母的作业中，无论有无进行搗碎酒米的动作，对结果并不会有太大的差异，因而试验所发表“山卸し（搗碎酒米）作业是不需要”的推论。这个推论慢慢被多数的酒厂接受，废止“山卸し”作业，就称为“山废”。

活性清酒

活性清酒又称为发泡性清酒，有以在瓶内加入活性酵母作为二次发酵的类别，也有使用网目较大的滤布榨酒，让活酵母入瓶，并保持二氧化碳在瓶内的酒体类别。此酒款普遍带微甜的酒感，微带白浊色，酒精浓度较低，十分受女性的欢迎，可作为餐前酒酒款。

贵酿酒

贵酿酒属于浓醇型的高级酒款，是将一部分的酿造用水，用日本酒取代的酿造手法。它一般是指在制醪的三段仕入法的最后阶段，以酒取代水加入酒槽内。此酒款浓郁甘甜，色泽大多呈现琥珀色调，非常适合搭配甜点。

古酒

古酒又称为长期熟成酒。在日本制酒业界里，将该酿造年度生产的日本酒称为新酒，前年度所酿的日本酒称为古酒，或称长期熟成酒。古酒的注名标示没有一个明确的规范，但大多指3年、5年，甚至10年、15年的长期熟成酒，在市场上很受瞩目。这些经过长时间熟成的酒款，酒质呈现琥珀色调，香味复杂且具深度，属于单价高的高级酒款。

日本酒度

日本酒度指日本酒甘辛程度的数值标示，也属于计量法的一种。其原理取自于糖分含量高时酒质比重较重。以日本酒度来做测量，水的比重为0，糖分多、比重重的显示为负值，酒质呈现甘口（如-6）；而比重轻则是标示为正值，呈现辛口（如+10）。

酸度

酸度指在日本酒中酸含量的表示数值。日本酒中主要的有机酸类包括乳酸、苹果酸及琥珀酸。标示的数值越高，酒感越浓醇，越感辛口；数值越低，酒感越淡丽，越感甘甜。

酒标解读法

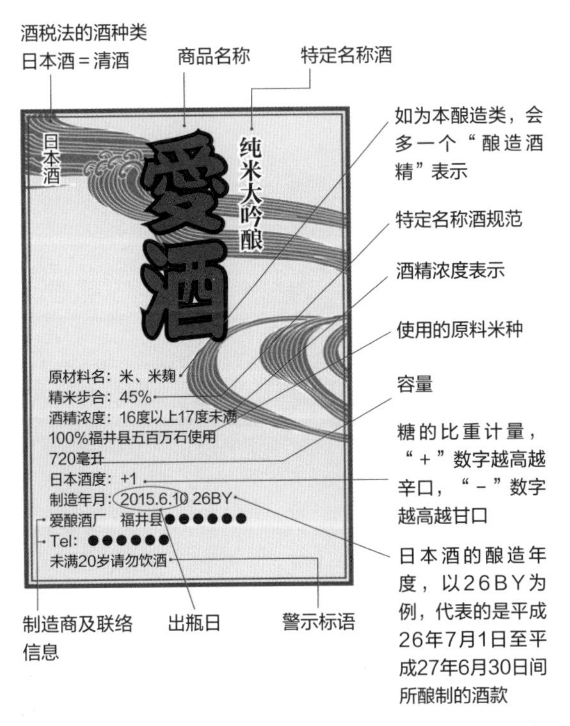

与生酛酒相同，都属于天然乳酸菌酿造，唯一不同之处在于生酛有搅拌，山废则没有进行搅拌的动作（山卸し）

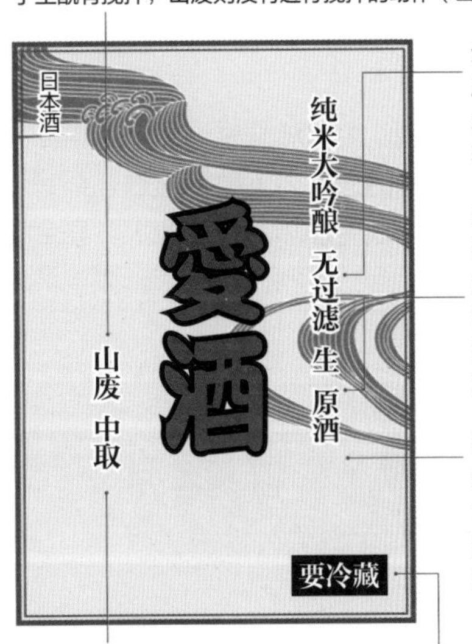

无过滤指的是不采用活性炭过滤的作业，通常酒质表现较具个性

生酒指的是没有经过低温加热杀菌的作业，由于较多的酵素还在活动，需要以低温保存管理

酒在酿造完成时不添加、或只添加1%以内的水或酿造酒精作为调整，即称为原酒

保存管理的注意标语

指的是在榨酒的阶段只取中段所沥出的部分，一般认为中段是香气与味道最为平衡的部分。而前段所沥出的液体被称为荒酒，后段被称为责酒。

日本酒的活用小知识

在品饮日本酒的同时，可以善用所搭配食物中的营养，舒缓身体因为酒精引发的不适感；另外，日本酒除了品尝之外，还有很多料理上的功用。

为何喝了日本酒或含酒精饮料会醉呢？酒精在肠胃被吸收，到达肝脏时，会被分解成碳酸与水。在此阶段中，如果超越了肝脏可以处理的酒精范围，在分解的过程中，乙醛量会在血液里增加，将会引发头痛、不舒服或恶心的症状。为了预防这些症状的产生，可以充分摄取蛋白质与维生素B6，帮助蛋白质的吸收，或是多吃含牛磺酸的食品来提升肝脏机能，让肝脏能一直保持健康的状态。如果在品饮日本酒时，能熟记以下食材，不过问料理的形态或种类，不论去餐厅或在家庭烹饪里都非常实用。这些食材也兼具保护肝机能的运作，让人更愉快地享受用餐时光。

日本酒在料理上的妙用

1. 提升米饭质量

在煮饭的时候，加入少量的日本酒，能增添米粒的光泽，让米粒更加饱满，煮出好吃的米饭。（标准：3杯米加入2大匙的日本酒）

2. 还原冷饭美味

冷饭或冷冻的米饭在解冻前，先洒上点日本酒，再微波加热，将会发现惊人美味。

3. 传承江户时代的调味料

加入1颗腌梅至180毫升的日本酒中，并将腌梅捣碎，以小火加热烹煮至一半的量，称为煎酒（煎り酒）。在酱油尚未普及的时候，煎酒被当成调味料广泛使用。现今仍有日本料亭偶尔会用这样的手法，让顾客怀念与品尝食材的原味。

4. 去腥

将虾去壳，除去砂肠后，洒上日本酒，再将多余水分擦拭干净，能够有效减少腥味。

5. 软化蛋白质

变硬的乳酪或火腿，在其表面刷上少许的日本酒，除了能够使其软化，更能增添风味。

6. 增添烤鱼风味

烤鱼的时候，在用盐调味之前，喷上少许日本酒，能够增添美味，亦能除腥。

7. 提升泡面汤头

煮泡面的时候，在准备关火前加入1小杯日本酒，使其煮沸，让酒精蒸发，或是准备食用前，在面里加入1小匙（当然也可以是1大匙）日本酒，日本酒的旨味成分能消除干泡面的油耗味，且能让汤头更香浓。

8. 调整醋物的味道

在做凉拌醋物的时候，如果咸味和醋味过于突出的时候，加入少量的日本酒，可以将整个味道调整得更为圆润。

9. 让烤蒲烧鳗鱼肉质更软嫩

烤蒲烧鳗鱼的时候，洒上少许的日本酒，肉质将更软嫩，更美味。

饮酒前（保肝）或饮酒时（下酒＋保肝）的食材好搭档

沙丁鱼	含有丰富的维生素B_6
鲭鱼	优质的蛋白质与丰富的维生素B群
猪肉	含有令人期待的蛋白质来源，丰富的维生素B群，特别是其中维生素B_1是食品中的最高等级
鸡肉	优质蛋白质的来源，也因为热量低，如能善加利用，可调整饮食的卡路里
大豆	含有许多蛋白质、维生素B群、维生素E及各式各样的营养素，具有消肿解毒的功能
鸡肝	蛋白质、维生素A、维生素B群、维生素C、铁等，营养价值高，能帮助肝脏与肾脏的活动
猪肝	拥有将近全天所需的维生素A、维生素B_1、维生素B_2、铁，也提供优质蛋白与维生素C，能促进内脏各部位的机能
蚬	维持肝机能，其最大的法宝是：牛磺酸、蛋氨酸、胱胺酸
章鱼	除了蛋白质含量高，还有丰富的能帮助肝脏解毒的牛磺酸
花枝	属于高蛋白质的食材，含丰富的牛磺酸，有助于促进肝脏与肾脏功能
蛤蛎	含有丰富的维生素B_{12}，对于促进肝脏的机能活化是不可缺少的营养食物
天然奶酪	含丰富氨基酸与蛋氨酸，可缓解肝功能的过度疲劳，也是很好的下酒菜！因为它是发酵食品的一种，搭配日本酒也很适合

日本酒
搭餐的基本原则
与酒食联姻

提到“品味日本酒与料理”，看似简单，但依据搭配方式的不同，呈现出的效果千差万别。
有些时候也会因为不清楚自己的喜好，陷入不知该如何搭配的困境。
在此，不妨让我们配合日常选购日本酒时的几个要点，试着进行日本酒与料理的搭配。

选酒搭餐的基本原则

“纯米酒”或“吟酿酒”

纯米酒如同字面所示，是仅用米和米麹为原料酿造而成。大部分纯米酒非常强调米的丰润口感，因此很适合搭配寿喜烧或是猪肉生姜烧等风味浓郁的料理。整体来说，纯米酒与个性或是香气强烈的料理都非常搭配。吟酿酒是纯米酒添加了酿造酒精的酒。多数的吟酿酒呈现出香气明显、口感清爽的特征，适合搭配豆腐或是白肉鱼等味道清新或是清淡的料理。

此外，所谓“精米步合”，也就是“使用削去多少百分比后的米酿造而成”。依据精米程度的不同，日本酒会呈现出不同的风味。精米步合数字较高，多数的酒就会呈现出比较强烈的谷物风味；反之，精米步合数字较低，多数的酒会呈现出细腻及高雅的口感。如果能先有这样的概念，再选择搭配的料理，会有很大的帮助。

浓或淡

味道“淡丽”“清爽”及“轻快”类型的日本酒，适合使用轻薄的高脚玻璃杯作为酒器，搭配味道清爽的水果或是白肉鱼等前菜一起品尝。味道“浓醇”“扎实”的日本酒，适合用略有厚度的烧制酒器，饮用温度可以从冷饮到温饮（约45℃左右），适合搭配“盐辛（塩辛）”等风味浓郁的日本珍味，以及照烧等风味较扎实的料理，也可以搭配炸猪排及天妇罗等油炸类料理。

“辛口”或“甘口”

“辛口”类型的日本酒，可搭配青鱼或是油脂丰富的鱼类料理，使用大量油类烹调的中式料理，以及沙朗牛肉等油脂丰富的肉类料理。“甘口”类型的日本酒，可搭配照烧等用甜辣酱调味的烤肉或是炖煮料理，也很合适搭配鹅肝酱等味道浓醇的食材。

生酛、山废酿造

采用传统的酿造方式，利用这种方式酿造出的酒，特征在于酸味的呈现，温过之后也非常美味，与珍味或是当地的乡土料理都很搭配。根据上述情况，从各种不同观点汇总出适合搭配的料理，再依据酒的品牌或是酿造地区，就可以慢慢发现自己的喜好。这样一来，渐渐会被“日本酒与料理”的搭配所产生的魅力所吸引，整个用餐过程也会更加有趣。

联姻！
酒食的完美结合

Marriage（联姻）在法文中是结婚的意思，延伸到日本酒上，就好比酒遇上了异国料理所产生的美味邂逅，对我来说它确实是个美丽的形容词。日本酒单饮固然美味，但如果能在餐点中做适当的搭配，更能提升用餐的满意度与确幸度。日本酒的味道表现在于甜、酸、苦与旨味，依据基本的五味表现少了咸味。适当的五味结合，可给予完整的美味享受，以料理方法来说，咸味是不擅长的方向。

甜味的表现可简单归纳成两类：舌尖对糖分较容易感受到的甜味，以及在舌面中延伸到舌根较易感受到的旨味，或称为米味的回甘。接着酸味呈现出清爽感，是较沉稳且具深度的味道表现。旨味则如同甜味中所表达的回甘表现。当氨基酸含量较高，会感到酒的味道较浓郁；氨基酸含量较低，则会带来较淡丽的口感。苦味则是在舌根上表现出的酒精刺激感。

在上述味道的表现组合下，加上入口后的酒感，香气与不同温度带味道的表现，造就了日本酒细腻多变的风貌，这些要素将是搭餐时需要考虑的重要线索。搭餐的规划，可以针对同调性或融合性作搭配选择。同调性指酒与料理有相似的特质，如：清爽的水果色拉搭配带果香香气与淡丽酒体的酒款；中国台湾地区家庭料理的卤肉，可以搭配酒体较厚实带旨味的酒款。融合性则指将个别的特性予以结合，并产生出平衡的美味，如酸味较强的酒款，可搭配甜味较重的食物，将酒中的酸味加以柔化，更加顺口；带辣味的料理，可以选择甜味较明显的酒款，让味道变得较

凉拌海蜇皮 / 凉拌小黄瓜 / 橄榄油醋田园色拉

汆烫溪虾

炸肥肠

炒海瓜子

咸水鹅肉

为舒缓。以下列举一般我们在外用餐常点的菜色，作为搭酒的推荐。每个人的口味及喜爱不同，均可依据搭配的要素做适当调整。

台菜

凉拌料理

海蜇皮、豆皮、小黄瓜、海带等常见的小菜，都有清爽开胃的共同特色。酒款可选择清雅香气如青苹果或绿蜜瓜般等，酒体以简单轻盈为主，清爽且开胃。重点：清爽水果的香气能增加食欲，酒体维持开胃的清爽原则，不让味蕾有过多的负担。

汆烫溪虾

海产店必点的烫活虾。红偏粉色的溪虾，手工剥壳后佐上山葵酱油是很美味的。活虾汆烫后的鲜甜感，是我们想保留的特色，选择洁净感的酒质可以带出鲜肉的甘甜，微带旨味的酒体，不盖过肉的甜味，却能有效平衡较浓郁的虾膏。重点：洁净感的酒体，指酒质如山泉水般的柔顺洁

豆豉炒苦瓜

净，甜与酸味不过于突兀且顺口的酒质。在搭配鲜虾时，可同时带出鲜虾与虾膏的美味，适合选择中度酒体的酒款。

炸肥肠

卤过的肥肠中塞入大葱，可烤可炸，弹牙的口感与卤过的咸甜，外加葱的辣感，多层次的美味确实是人气下酒菜。咸甜的调味，与葱的辣味，可以选择旨味较厚实（酒体较重），或微熟成感的酒质，呼应料理的特性。另外带锐利的酸味或辛口感的酒质，也能有冲刷油腻感的效果。

炒海瓜子

九层塔与蒜头的爆香，海瓜子的鲜味外加辣味，是所有味道几乎能瞬间表现的佳肴。辣椒的辣味在日本饮食文化里较罕见，选择清爽的酒质只会让辣味更加明显。我会选择酸味较圆滑，因熟成后带出旨味的酒款，用体温35℃上下的温度，注重于表现酒的柔和饱满感来做搭配。重点：圆润多重味道的表现，随时将口腔调整到能容易继续吃与喝的状态，酒在这里扮演辅佐与平衡口腔味觉的角色。

烟熏鹅肉

鹅肉、鸡肉和鸭肉是我们亚洲人的料理强项。烟熏鹅肉的调理法，多半是将鹅肉浸泡酱

白霉奶酪：布里奶酪（Brie）/ 蓝霉奶酪：蓝奶酪（Blue Cheese）/ 半硬质奶酪：艾登奶酪（Edam Cheese）/ 新鲜软质奶酪：莫泽雷勒奶酪（Mozzarella）拼盘(左至右)

汁，再混合糖、甘蔗或茶叶作为烟熏料。带甜咸的焦香味与鹅肉的多汁感，在入口后相当过瘾。可选择适合搭配炸肥肠的酒款，或是生酛系（天然乳酸菌）酒款，沉稳的酸味能缓和脂肪感。熏味的浓缩香气与油脂特色，为选酒时需考量的重点。此外，咸水鹅肉也可比照相同搭配方式。

西菜

橄榄油酱汁系的沙拉类别

清脆的口感，与来自蔬果的自然酸甜，经由油醋的滋润更加温和。沙拉的味道定义在于开胃，健康及清爽，以清晰、轻松无负担的酒质搭配最不失特色。重点：清爽的酒款，以较冰凉的5℃～10℃温度饮用，呈现舒畅感。

生蚝

带有海水咸咸的鲜味与浓郁的味道表现，是生蚝的一大魅力。近年来可在市场上看到从多国

生煎沙朗牛排

生蚝

进口的生蚝。酒款可选择似柑橘类香气，与轮廓明显的酒体，或中硬水带矿物质的酒体选择，也能突显生蚝的鲜美。重点：带轮廓的酒款选择（指酒体感觉硬朗清晰），能缓和生蚝肉的浓郁感，并突显食材的鲜美度。

西式生鱼片（Carpaccio）

Carpaccio算是西式的生鱼片料理，多用于前菜，以新鲜的鱼切或拍至薄片，淋酱多半以橄榄油醋与香草类调制而成。酒款可选择迷人的果香香气酒款，可提升食欲或与酱料有同调性的搭配，酒体以滑顺感为主，能辅佐橄榄油对海鲜的润滑作用。此料理选择中度酒体（mid-body）的酒款，主因是酒体太轻会让口腔感到些许油腻，酒体太重不但有失清爽开胃感，也可能让海鲜的甜味被掩盖。

牛排

牛排是大众相当喜爱的主菜选项之一，不得不承认与其搭配的酒款不好选，但重点的酸味、旨味与干口感能呈现出搭配的美妙。选用生系的酸味特质酒款，来舒缓牛肉的油脂感，适当的旨味，也能与牛肉的旨味达到互相辅佐的效果。

乳制品类料理

意式料理中的新鲜水牛乳酪与西红柿、白酱炖煮，或用于焗烤，到单品的乳酪等，日本酒能与其搭配的主因，在于两者都属于经由乳酸发酵产生的美味。先将乳酪简单化分为新鲜乳酪、软质乳酪与硬质熟成乳酪三大类别。新鲜乳酪可搭配带新鲜感的生酒或气泡酒等轻盈、清新感的酒款。软质乳酪的绵密口感与香气，可搭配中酒体的吟酿酒款。而硬质乳酪通常展现出具有层次的味道与较厚实的香气表现，酒款可以选择具有深度感的纯米系列或生系酒款，让日本酒的旨味能更有效地引出乳酪的美味。经典的蓝纹乳酪，可以选择日本酒中的贵酿酒，全麹仕入酒或具复杂香气与味道表现的古酒做搭配，相信会有令人意外的美味表现。

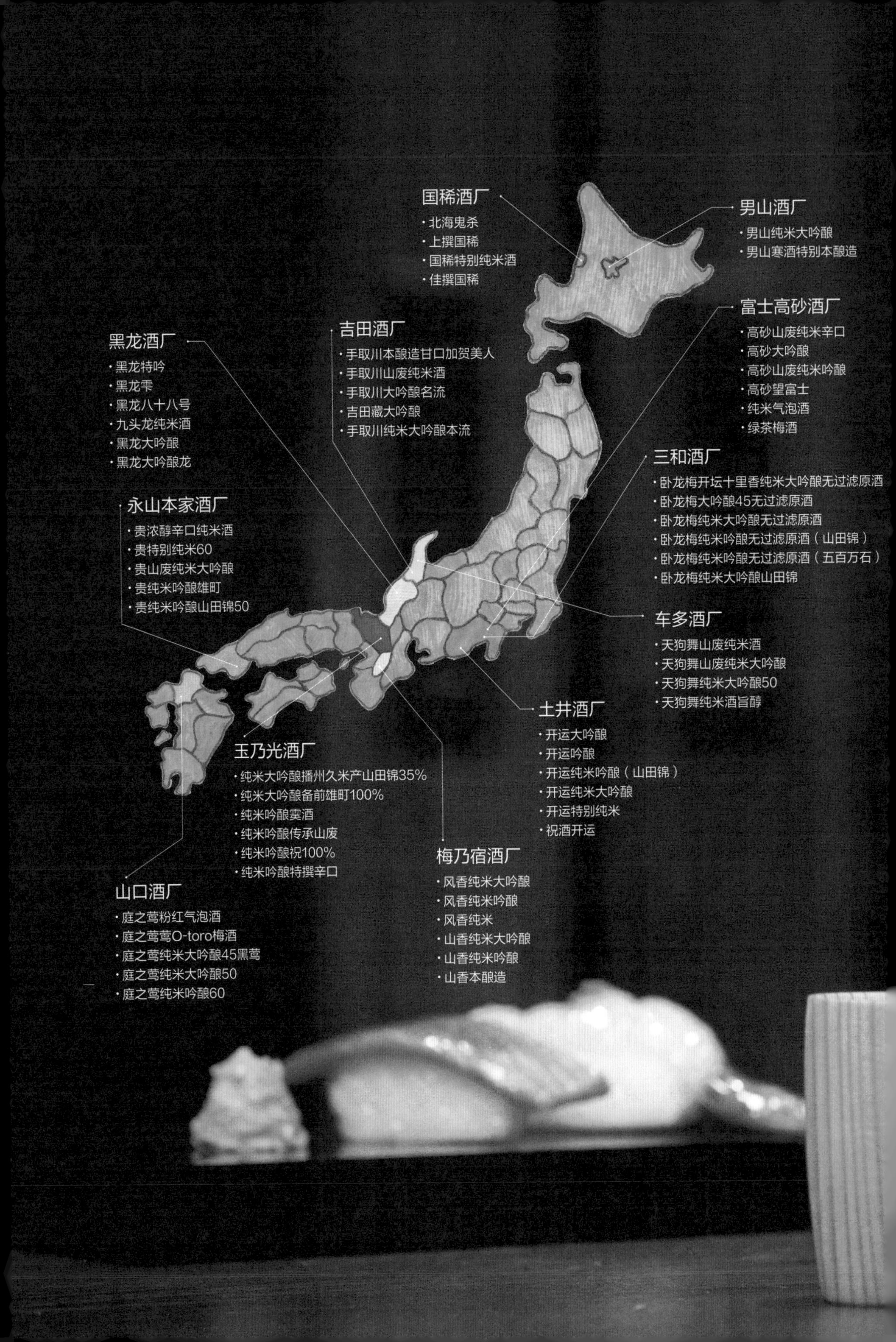

国稀酒厂
- 北海鬼杀
- 上撰国稀
- 国稀特别纯米酒
- 佳撰国稀

男山酒厂
- 男山纯米大吟酿
- 男山寒酒特别本酿造

富士高砂酒厂
- 高砂山废纯米辛口
- 高砂大吟酿
- 高砂山废纯米吟酿
- 高砂望富士
- 纯米气泡酒
- 绿茶梅酒

吉田酒厂
- 手取川本酿造甘口加贺美人
- 手取川山废纯米酒
- 手取川大吟酿名流
- 吉田藏大吟酿
- 手取川纯米大吟酿本流

黑龙酒厂
- 黑龙特吟
- 黑龙雫
- 黑龙八十八号
- 九头龙纯米酒
- 黑龙大吟酿
- 黑龙大吟酿龙

三和酒厂
- 卧龙梅开坛十里香纯米大吟酿无过滤原酒
- 卧龙梅大吟酿45无过滤原酒
- 卧龙梅纯米大吟酿无过滤原酒
- 卧龙梅纯米吟酿无过滤原酒（山田锦）
- 卧龙梅纯米吟酿无过滤原酒（五百万石）
- 卧龙梅纯米大吟酿山田锦

永山本家酒厂
- 贵浓醇辛口纯米酒
- 贵特别纯米60
- 贵山废纯米大吟酿
- 贵纯米吟酿雄町
- 贵纯米吟酿山田锦50

车多酒厂
- 天狗舞山废纯米酒
- 天狗舞山废纯米大吟酿
- 天狗舞纯米大吟酿50
- 天狗舞纯米酒旨醇

土井酒厂
- 开运大吟酿
- 开运吟酿
- 开运纯米吟酿（山田锦）
- 开运纯米大吟酿
- 开运特别纯米
- 祝酒开运

玉乃光酒厂
- 纯米大吟酿播州久米产山田锦35%
- 纯米大吟酿备前雄町100%
- 纯米吟酿霙酒
- 纯米吟酿传承山废
- 纯米吟酿祝100%
- 纯米吟酿特撰辛口

梅乃宿酒厂
- 风香纯米大吟酿
- 风香纯米吟酿
- 风香纯米
- 山香纯米大吟酿
- 山香纯米吟酿
- 山香本酿造

山口酒厂
- 庭之莺粉红气泡酒
- 庭之莺莺O-toro梅酒
- 庭之莺纯米大吟酿45黑莺
- 庭之莺纯米大吟酿50
- 庭之莺纯米吟酿60

第二篇

地酒美食搭配学

北海道 增毛町 海鸥很多的地方

增毛町是位于北海道西北部、留萌管内南部的都市。它历史悠久，到处都是被指定为北海道遗产的怀旧建筑物。增毛町的町名来自鲱鱼群聚集时，成群的海鸥徘徊在海面上的景象，或是阿伊努语中“海鸥很多的地方”。此地的牡丹虾捕获量居全日本第一，甜虾及章鱼的产量也很多，海产美味的程度，哪怕专程造访也值得！此地还有很多开放采摘的果园，游客可以享受亲自摘取当季水果的乐趣！当地著名的鲜虾拉面，更将鲜虾虾膏的风味满满地呈现在汤头中。

旧商家丸一本间家

日本政府指定重要文化遗产，完整重现百年前明治时代的风貌。

旧增毛小学校

该小学被指定为北海道遗产，迁移前是当地最大、最古老的使用中校舍。

津轻藩的越冬元阵屋与秋田藩元阵屋

幕府末期，这个地区是监控俄罗斯的西虾夷地警戒地，是日本北部警戒的要冲。

增毛港

在距今250年前的宝历年间，增毛港的鲱鱼业兴盛，大人小孩都会从事鲱鱼相关工作，学校还因此特别设有“鲱鱼休日”。

岩尾温泉

岩尾温泉位于暑寒别天卖烧尻国定公园最南部的雄冬岩老地区，是增毛町南部的玄关，周边有高度超过百尺以上的暑寒别山形成的断崖绝壁，以及长达25千米的绝美海景，沉浸在露天温泉里欣赏日落，是人间一大享受。

增毛町港湾与暑寒别山雪景©增毛町役场

增毛严岛神社

增毛严岛神社已有260年历史，参道上的唐狮子及灯笼源自江户时代，是增毛町的有形文化遗产。

国稀酒厂

日本最北的海洋风味

酒厂的创业历程

位于增毛町的国稀酒厂由本间泰藏于1882年创立。泰藏从小在裁缝店长大，1875年移居到增毛经营和服店，后来创立“丸一本间”，不仅有和服买卖，也销售日常生活用品。当时大多数的日本酒来自本州岛，属于高价品，泰藏向经营酒类贩卖的朋友学到有关酒类酿造的相关知识，并开始在当地酿造日本酒。创业后的20年间，由于鲱鱼业持续兴盛，酒类的需求量也不断提升。1902年，他利用当地生产的软石建造新的酒厂。2001年，酒厂名称正式改为国稀酒厂株式会社，国稀的“稀”字隐喻日本稀有的好酒。

与本州岛酒厂不同的发酵方式

这里是全日本位置最北的酒厂，离海岸只有50米，令人不禁怀疑：酒会不会因为太寒冷而冻结了？酒厂的人告知，这里最低气温大概在-10℃左右，不至于让酒冻结。主要原因是酒厂离海岸线相当近，只要海水不结冻，就能受到海水带来的保温效果，不太容易发生冷害。

酒厂使用来自“暑寒别岳”的地下水制酒，其水质属于软水。目前使用的酒米中，产自秋田县的米会先精磨再运送至酒厂，兵库县的山田锦则先运送至山形县精磨后才运送至酒厂，也会用福冈县的山田锦，在当地直接精磨后运至北海道。至于酒米“吟风”（北海道的酒厂好适米米

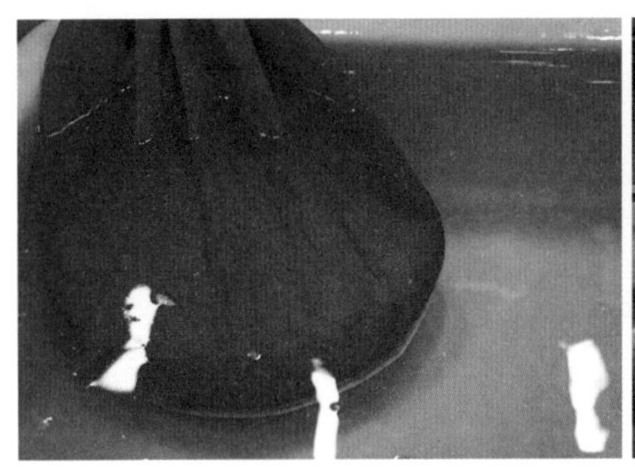

（左）吟酿酒米以秒为单位进行浸渍吸水
（右）热心致力于整个增毛町发展的国稀酒厂林（Hayashi）社长

种，名称由来是形容它像北海道夏季微风里飘逸着的清爽气息），则是北海道当地种植的品种，酒厂表示日后会渐渐增加当地酒米的使用量。在发酵方面，由于受到气候影响，偶尔也有不容易发酵的情况。此时会在制酒槽的周围加入热水，维持适当的温度，让发酵情况正常。这种发酵阶段的应用方法，应该是国稀与大多本州岛地区酒厂最大的不同。

达比修有最爱的淡丽辛口

国稀酒的酒质属于淡丽辛口，其中有四成是以前称为二级酒的大众酒，跟北海道当地文化有着密切的关系。由于是渔夫密集的城市，大家都很会喝酒，对酒的需求量很大，价格及口味因此定位在每日可以饮用并且不会造成负担的水平上。酒厂的出货量中，约有九成是在北海道地区直接消费饮用，可见国稀酒深受当地民众的喜爱。

即使是精米步合75%的酒款，仍有很多人在饮用后都说从未喝过如此美味的日本酒。国稀酒的储藏方式采用“瓶内储藏”，使用的酵母是香气偏高的协会1801号及9号，利用自古以来的混合技术进行调和，就连赴美加入大联盟的著名职棒选手达比修有也提过“自己目前最热衷的日本酒，是国稀酒厂的纯米酒”。北海道物产丰富，增毛町又是个港口，国稀的酒自然成为与当地料理相伴的最佳配角。

大多数外国人认为北海道很冷，因此都会加热后饮用日本酒，事实并非如此。因为天气寒冷，家中因暖气的关系都很温暖，大多的当地人即使到了冬季也是饮用冷酒。如果要温饮，我会推荐“吟风”，因为它酸度较高，经过温热后变得圆润，口感圆滑顺口。“鬼杀”属于辛口，比较适合不喜欢甘口酒的人，温热后可搭配用奶油煎过的白肉鱼。虽然奶油是西洋食材，但由于日本酒是借由乳酸菌发酵而成，因此它与奶酪、牛奶及优格等乳制品非常搭配。相比葡萄酒，日本酒中含有丰富的旨味，与味道浓厚的料理搭配更能在口中产生一体感。

增毛町

增毛町名称来自阿依努语，意为“有很多海鸥的地方”，也意味着鱼类丰富，因此成为渔夫的捕鱼区域。早在江户幕府时代，为了避免俄罗斯的船只侵入，幕府将军派遣秋田藩进行警戒工作，也设置阵屋（军营）让武士可以居住，因此当地也留有武士文化。对身为外国人的我来说，身临此地仿佛走进日本历史剧中，脑中浮现渔夫在波涛汹涌的大海中满载而归，以及武士们奋力守护国土的画面，这些让我完全能想象在当时的时代背景下，日本酒所提供的舒压效果。

北海鬼杀

Hokkai Onikoroshi

- 精米步合 65%
- 适饮温度 冷饮 常温
- 香气类型 原料香气
- 酒体 轻酒体

属于紧实且舒畅的酒体中又带有柔顺口感的辛口酒。虽然从日本酒度的数字来看，它属于超辛口型，但实际品尝后，辛口感呈现出的适中感也是其特色之一。酒质在香气表现上并不明显，入口后具力道感的表现与后段所回味出的酸味，平衡了整体的旨味表现，是一款美味的辛口旨味酒。

适合搭配毛蟹蟹肉与蟹膏的甲罗烧（甲壳烧）。新鲜多汁的甘甜毛蟹蟹肉，与口感温和利落的日本酒相遇，两者并不冲突地融入口中。将毛蟹的蟹肉与蟹膏混合后一起食用，再与日本酒一起品尝，可增添出米的芳醇美味，也延展了旨味的深度感。在烧烤后的甲壳中倒入北海鬼杀的“甲罗酒”，可以细细品尝着毛蟹风味到用餐结束，令人难忘。

上撰国稀

Jousen Kunimare

- 精米步合 65%
- 适饮温度 冷饮 常温 温饮
- 香气类型 原料香气
- 酒体 轻酒体

这是一款口感温润的辛口酒。百分之百使用北海道的酒米“吟风”，精米步合为65%，属于淡丽辛口酒质，虽属普通酒，但感受得到酒厂的坚持。酒体的酸味表现让整体轮廓显现出顺口的舒畅感及容易搭餐的个性。

搭配可遇而不可求的珍品鳅鱼卵。鳅鱼卵的口感极似鱼子酱，但比鱼子酱更弹牙，属于越嚼越能展现出美味的细致珍品。为了保持食材的纤细感，会选择搭配这款口感清爽利落的日本酒。酒质舒畅，入喉时感觉非常轻快，无论以何者为主角都非常协调。

国稀特别纯米酒

Kunimare Tokubetsu Junmai-shu

- 精米步合 55%
- 适饮温度 温饮
- 香气类型 原料香气
- 酒体 轻酒体

它展现了辛口酒的精髓风味，使用酒厂好适米“五百万石”为原料，精磨至55%。酒体丰醇中带有洁净的利落口感，将米的旨味如实地呈现，可搭配各式料理，饮用的温度范围也很广。

这款酒基本上可以搭配所有增毛町产的海鲜，酒质的单纯个性与清爽感更能衬托出食材本身的美味度，当地产的数子鱼卵与鳕鱼子的味道相当纤细，两样食材都具有温润的盐味，与这一款轮廓鲜明的日本酒非常搭配，让人产生“有了这一道酒肴就很足够了”的想法。

佳撰国稀

Kasen Kunimare

- 精米步合 65%
- 适饮温度 冷饮 常温 温饮
- 香气类型 原料香气
- 酒体 轻酒体

这是国稀酒厂的基础酒品，一直深受当地居民的喜爱。入喉清爽顺畅，具有不腻口的旨味表现。从冷饮、常温到温饮，各种温度都有不同的风味享受。

冷酒搭配牡丹虾刺身，酒中的芳醇口感，将牡丹虾的甜味加以调和，温和地融入味蕾中。温酒搭配烧烤后的牡丹虾，虾壳与虾膏散发出的焦香与酒温过后的米香，更能引发食欲。来自米的甘甜旨味让具复杂感的虾膏更具深度感，是一款再次发现日本酒美味的邂逅酒款。

餐搭设计提供：Sushinomatsukura（寿司のまつくら）/ +81-164-53-2446 / 北海道増毛郡増毛町大字弁天町1-22

北海道 旭川县 优质稻米之乡

旭川位于北海道中央的上川盆地，共有130条河川。其中石狩川与牛朱别川交会的旭桥，是建造于1932年（昭和7年）的铁制拱桥，被选定为北海道遗产。当地农业兴盛，以北海道优质稻米闻名。此地日本酒酿造业也非常兴盛，有“北滩”之称。在美食方面，据说旭川是盐味猪内脏与雪花猪的发源地。在被列为北海道遗产的北海道拉面中，旭川拉面最具有代表性，尤其以酱油口味为主流。成吉思汗烤肉也非常有名，每家店都有独特蘸酱。另外还有只在旭川市及空知郡才有的日本荞麦面“モツそば”（放入内脏的荞麦面），从1921年开始贩卖的“维生素蛋糕”以及用糖衣裹住焙炒大豆的“旭豆”点心。

旭山动物园

日本最北的动物园，以最接近自然的“行动展示”方式观察动物的生活，还有企鹅游行、白熊时间等有趣的活动。

上野农场

1906年开始发展的美式农场，为了增加魅力，一家人开始种植花草，并将规划庭院开放给民众参观，是北海道花园的始祖。农场以英国式的花园为模型，种植许多适合北海道气候的花草，还有以旧仓库改建的“NAYA咖啡”，在那里可以品尝到用当地食材制作而成的食物及点心。

西神乐就实之丘

以广大的丘陵地，与如同云霄飞车般高低起伏的道路闻名，可以饱览旭川市街景、大雪山群峰及十胜岳群峰等美景。

Kamui滑雪场

旭川是北海道滑雪活动的发源地。

男山酒厂资料馆

男山酒厂具有340多年历史，是日本传统产业的代表之一。资料馆也展示古老时期使用的造酒工具。若提出申请，还可参观工厂，观看日本酒的制作流程。一楼有男山各样酒款的试饮区和商店。

岚山展望台

岚山展望台是当地居民都知道的可以欣赏夜景及烟花的地点，能眺望旭川及日本东北自动车道，天气晴朗时还可以看到大雪山。

男山酒厂

北海道的优质稻米之乡

海外输出的先驱

原以为寒冷地带的酒发酵速度较慢，酒质会偏向淡丽，但其实不然。男山的社长说："酒会受到人、风土及气候的影响。"从味道来说，男山的酒以当地为中心，是为当地人酿造的酒。然而，男山从现代开始，利用原料获取的便利性与开放酒厂参观，酒厂的梦想不再局限于当地，希望也能得到海外的认同。

45年前，男山将工厂由札幌移至旭川，为了安定及提升质量，采用全部自家生产的机制。1977年自家酿造酒首次参加"海外酒类品鉴赛"，当时没有来自日本的其他参赛者，此品鉴赛如同现在的"世界烟酒食品评鉴会"（Monde Selection）。当时审查员不知道所谓的"吟酿香"，因为惊艳于"由米所产生的香气"，顿时不知如何评比，但男山最终仍获得奖项。同时评审也希望男山提供酒的酿造方法，国际交流从此开始。所以，男山称得上是日本酒海外输出的先驱，至今已经连续39年获奖。至于日本国内市场的经营，男山过去曾经在札幌销售过一段时间，效果不理想，因而发现品牌的重要性，于是开放酿造场的参观及试饮，让大家对安全的酿造环境有所认识。

由于经常参加海外的酒类竞赛，男山获得了很多奖项，知名度提高，销售也逐渐随之提升。对于将商品推往海外，例如在飞机上提供日本酒，或打入欧美国家的日本料理餐厅，酒厂一开始时抱着非常兴奋的心情，但实际前往海外品饮自家商品时，却发现质量跟原有风味产生极大的差异。原来在跨海运送的过程中，温度上升的影响，造成酒熟成速度加快。于是男山要求自己的

（上）男山的雪室储藏室
（下）亲和力十足的山崎（Yamazaki）社长

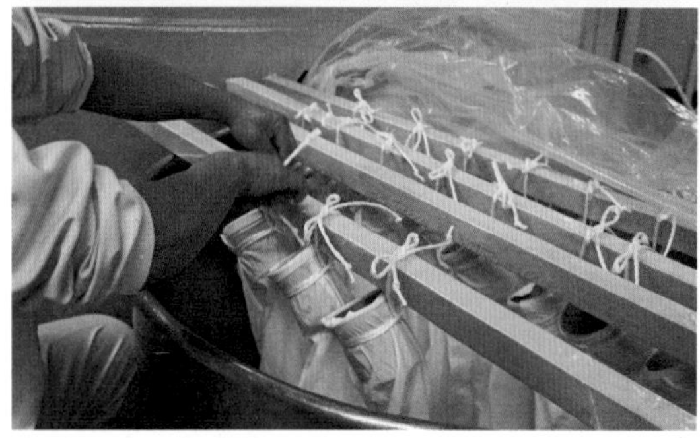

（上）全自动化的蒸米机
（中）正在进行三段式酿制作业中的最后添加
（下）准备进行最高阶的自然垂滴压榨法

商品在出口之前，要先了解当地的状况，由自己主导出口销售，并更加重视运送过程中仓储的温度管理。男山希望能将在酿造现场品饮到的风味，原封不动地呈现给海外的消费者，传达酒的安定度与美味。男山的目标是将生产商品总量的1/3在当地旭川销售，另外1/3销售给北海道，最后的1/3外销日本其他地区与海外。

万年雪水与区域性酒厂好适米

酒厂的酿造用水，是来万年雪山的融化雪水，经长时间流动而下，并从地底下80米的岩盘层中汲取伏流水，再通过净水器进行转化与过滤，是属于有微量矿物质的中硬水。在酒厂前方的“延命长寿水”可以饮用，不少观光客或当地人都会用瓶子装取。如此柔顺的名水，据说与优质的酒厂好适米非常搭配。酒厂在寒冷的冬季进行酿造，酿造期间的户外最低温度会达到-20℃左右，因为酒米不会受到杂菌的影响，因此可以进行长期低温发酵。在这种气候下酿造出的酒，呈现出淡丽辛口的特质，非常适合搭配北海道当地的新鲜食材。

目前男山每年的生产量约为8000石左右，相较于一般酒厂的产量，属于大型酒厂。除了从日本本国买入等级高的酒米外，酒厂也爱用本地北海道生产的区域性酒厂好适米。其唯一缺点是北海道位于日本最北端，多少会有因天气寒冷引起地米的冷害，这时能迅速采买日本本国酒米替代也是相当重要的课题。产量高带来人力需求增加，因此酒厂开始使用许多机械化设备以维持一定的质量，如连续式的自动蒸米机，用来将米饭运送到麴室等的空气推力输送管（air shooter）等。当然较高等级的商品仍以少量的手工制造为主。机械式的酿造法，或许少了些许酒质的变化与乐趣，但每瓶一致的美味也是其魅力所在。

北村杜氏正在检查麴米的糖化状况

男山纯米大吟酿

Otokoyama Junmai Daiginjo

- 精米步合 38%
- 适饮温度 冷饮
- 香气类型 花果般的香气
- 酒体 中酒体

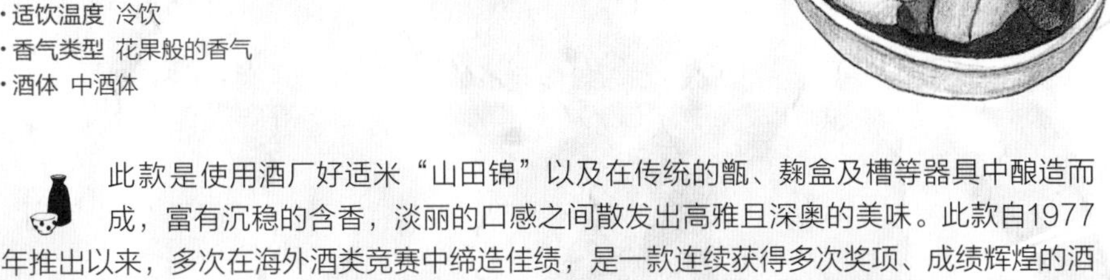

此款是使用酒厂好适米“山田锦”以及在传统的甑、麹盒及槽等器具中酿造而成，富有沉稳的含香，淡丽的口感之间散发出高雅且深奥的美味。此款自1977年推出以来，多次在海外酒类竞赛中缔造佳绩，是一款连续获得多次奖项、成绩辉煌的酒款。入口后，可以感受到苹果般的芳香，辛口的表现是在入喉时产生出利落感。酒的含香表现优越，可以享受到香气与味道的双重美味，称得上是日本酒中的艺术品。

搭配猪肉豆腐（采用北海道产的年糕猪）。甘甜酱油与猪肉油脂的旨味被豆腐吸收，使其成为一道令人感到心情放松的美味料理。虽说是猪肉豆腐，但日本部分地区会使用牛肉，只是北海道大部分是使用猪肉。热烫的豆腐放在嘴边，用边吹凉边入口的吃法也让这道料理多了几分趣味。甜味自然柔顺的酒质搭配豆腐中猪肉清爽的油脂，这与酱汁的甜味一拍即合，完全没有冲突。此外，酒随之而来的酸度，取代酱汁的甜味，更增加口中旨味所展现出的深度。特别想要品味酒的香气时，可搭配白肉鱼、章鱼、乌贼与干贝等；若是要着重于酒的味道表现，可搭配炭烤䲆鱼。

男山寒酒特别本酿造

Otokoyama Kanshu Tokubetsu Honjozo

- 精米步合 60%
- 适饮温度 冷饮 温饮
- 香气类型 原料香气
- 酒体 中酒体

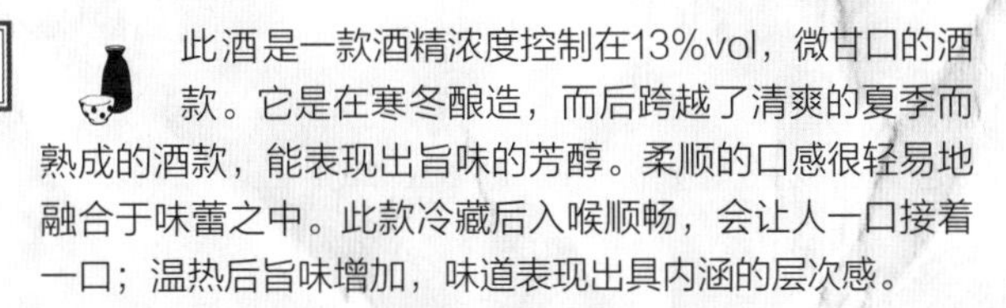

此酒是一款酒精浓度控制在13%vol，微甘口的酒款。它是在寒冬酿造，而后跨越了清爽的夏季而熟成的酒款，能表现出旨味的芳醇。柔顺的口感很轻易地融合于味蕾之中。此款冷藏后入喉顺畅，会让人一口接着一口；温热后旨味增加，味道表现出具内涵的层次感。

它适合搭配牡蛎料理与鳕鱼白子（精巢）料理。鳕鱼白子在北海道称为“タチ”或是“タツ”——将白子与牡蛎做底，淋上调味微甜的奶油风味味噌酱后拌匀，再放入干贝外壳中烧烤，最后再洒上紫苏叶丝提味，就完成了鳕鱼白子与牡蛎的味噌烧。味噌烧在烧烤后味道饱满，充满甜甜奶香味的鳕鱼白子，越嚼口感越温润，与柔滑的味噌酱融合后，呈现绝妙的和谐度。

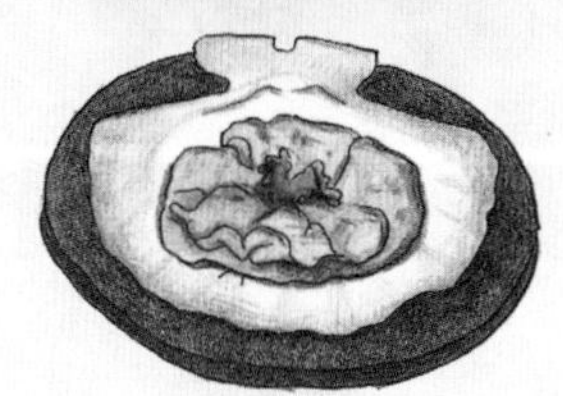

经过加热后牡蛎味道饱满，甜味与旨味同时提升，与味噌酱搭配后，形成味道更加深奥、有个性的一道绝品料理。经加热过后的寒酒，酒质表现出米的饱和度，口感更添温润，接着将鳕鱼白子与牡蛎味噌烧一起放入口中，立即可感受到美妙滋味一波波涌现，远比分别放入口中更加美味。鳕鱼白子与牡蛎食材本身的甜味与味噌酱，搭配上旨味温润的日本酒，产生了最佳的和谐度。当日本酒中米的旨味和温润感，搭配上味道平易近人的味噌酱时，看似朴素的组合却能激荡出所谓的美味定义，再次验证美食与美酒的互助效应。

餐搭设计提供：Meijiya Ofune（めいじ家大舟）/ +81-166-25-5480 / 北海道旭川市3条通7丁目422 Yonezawa Seven Building 1F

北陆地区

石川县 名山好水滋养出丰富美味

©石川县观光联盟

石川县面积最大的白山市以平野部为中心，利用宽广的农地与丰富的水源发展农业，因为有来自白山的丰沛水源，肥沃土地与温和凉爽的气候，其稻米生产量占县内稻米总产量的14%。白山市共有五家酒厂，日本酒酿造业很早之前就在这块土地上生根，日本酿造用水是使用自白山群峰流动而下，经过约百年时间自然过滤后的地下水。白山市必尝美食：手工竹皮包红豆馅麻糬、枥饼、简单风味的年糕片、剑崎辣椒料理、营养丰富的坚豆腐及味道深奥的珍品河豚卵巢粕渍。2005年白山市五家酒厂酿造的统一品牌：白山菊酒，是坚持使用白山伏流水与等级1等以上的米酿造成的地酒。另外还有浊酒、能登牛以及有高级传统鸭肉料理之称的治部锅。

白山

横跨北陆地区、白川市与岐阜县大野郡白川村，海拔2702米，与富士山、立山并列为日本三大名山。

加贺狮子

1965年被指定为金泽市的无形民俗文化遗产，属于传统技艺。

牛首绸

绸织物，牢固的程度几乎可以拔起钉子，因此又被称为拔钉绸。

雪人祭

每年1月下旬到2月上旬举行。

鸟越城迹

位于三坂町的中世纪日本城郭（山城）的遗迹，与二曲城同时被指定为日本史迹。

兼六园

位于金泽市的日本庭园，为日本的名胜地，也是日本三大名园之一。

雪人祭©石川县观光联盟

吉田酒厂

为搭配料理而生

以科学方法提升好米质量

吉田酒厂位于石川县，主要使用兵库县产的山田锦与五百万石进行酿造。现在年产量为3000石，其中自社精米占了70%。因为酒厂采用自社精米机，所以可以亲自确认精米的状况，严格进行原料管理，进行全面性良好的控管。此外，依据每年气候不同，米的状况也会有所差异。特别近几年天气变化剧烈，对于稻作影响很大，所以借由调整精米机砂轮的转动速度，可以尽量降低米粒断裂的风险。精米步合达到45%需要约2天的时间。

吉田酒厂也正在进行一种新的米粒降温法，能让米粒保持不易断裂的最佳状态，并能提升米的质量。通常米粒经由精米过程会产生热度，因此精米后的米粒需要置于阴凉处约2~3周，达到降温与水分的均一化后，才能进行洗米程序。目前吉田正在将精米后的米粒装入特殊密封袋中降温。由于米与空气隔离，不会吸取空气中多余的水分，相较传统自然降温方式，这种方式会大幅缩短降温所需时间。

早期洗米全采用手洗方式，由于每个人的施力状况不同，再加上酿酒作业是在冬季进行，手会因为长时间接触约5℃上下的冰冷水，慢慢僵化变得不灵活，力道也会跟着改变，这会造成米的吸水率及洁净度无法一致。即使是同年生产的米，依照放置时间，吸水量也会不同。使用机械可以计算米的吸水率，这项数据在酿造过程中非常重要。当然手洗方式也有独特的手感与优点，不过从酒质的整体数据来看，采用机械洗米酿造出的酒质确实比较稳定。

麹的影响力

好的蒸米状态是外硬内软。蒸米前，确认米粒是否达到所需的吸水率，例如用于制麹的米的吸水率希望达到约30%，在浸泡米的作业上就需要调整时间。蒸米用的釜叫作“甑”，根据不同大小，容纳的重量大约在1000~2000千克左右。大吟酿属于少量化酿造，蒸米的量较少，米的下方会先放入假米粒（ダミ米），形状跟真米粒相似，可以避免因少量蒸米、蒸汽力过大而对米造成不好的影响。

（左上）蒸出外硬内软的高质量酒米 （左下）正在撒种麹的职人们 （右）负责山本藏系列的山本杜氏

吉田的麹室与其他酒厂不同，特征是麹米容易干燥。制麹的首日，麹的香气浓烈，有些人不爱麹菌的香气，我个人倒是蛮喜欢的。制麹的结果通常可分为两个类型：总破精与突破精，这是需要事先设定好的。破精意指麹菌的菌丝向米心内部延伸繁殖，成爆裂开状态的麹称为“破精”（haze）。总破精通常会用在较浓醇的酒款，麹菌会繁殖在整体米粒上；突破精则呈现出较淡丽的酒质表现，麹菌繁殖在米粒面上较少却伸入至米心的状态。吉田在制麹的后阶段都采取小盒分装法，除了能给予安定的糖化环境，也方便能随时做调整。

日本酒属于精密计算的复杂工程，连何时出货及到达顾客手中都会经过推算。在日本，从出货到经由门市、一般店家（顾客）再到开瓶饮用为止，平均需要2个月的时间。一般商店的冷藏温度大约是5℃～8℃，因此瓶内酵素的活动也变得较快速，综合所有可能会影响酒质的要素，再由此回推进行压榨与装瓶的时间。

淡雅香气好搭餐

吉田的山废酒母室（天然乳酸酿造）最能让我感受到先人的智慧。在冷藏设备尚未普及前，酒母室由石块建造，主要目的是让温度变化降低到最小，保护及培养空气中与制酒母的桶中存在的好菌。现在酒母室里当然有加装空调，但一边望着保持洁净的石墙，一边品着有简洁的香气与不会拖泥带水的洁净酸味的酒，不得不佩服这个有年代感的山废酒母室。

山废酿造是属于自然酿造的一个工序，利用空气中的天然乳酸菌进入到酒母的液体中，其花费的时间与技术比添加人工乳酸来得费时费力。由于空气中也存在很多的菌种，必须每天进行检测，依据所得的数据制造出菌容易聚集及生存的环境，例如进行温度调整、窗户开关及放置维持温度的保温装置等，再依据数据进行调整。吉田基本上使用金泽酵母（又被称为协会14号酵母），其酸味较为淡雅，特征是酒质洁净；少数使用协会1801号，它属于香气浓郁类型，主要用于新酒鉴评会用酒。

吉田酒品牌分成两个系列，吉田藏系列与山本藏系列。它们由不同的杜氏负责。两位杜氏常常互相讨论，尝试突破。尤其是吉田藏的酒，主要以搭配料理酿造为目的，香气大多呈现不抢味的淡雅香气，虽喝完第一杯会觉得口味稍微清淡，似乎不太满足，但喝上第二杯或与料理搭配，其辅佐力与耐喝度会变成想要一杯接一杯饮用下去的酒款。

石川县

石川县以金泽酵母闻名，搭配当地的九谷烧酒器更显得典雅。由30多家石川县当地酒厂所组合成的“Sake Marche”就是个推广当地地酒文化的成功案例。他们举办如园游会、地酒列车之旅和演唱会等，这促使更多的年轻人在趣味中重新认识有2000年历史的日本酒文化，而吉田酒厂第六代的吉田泰之正是Sake Marche的重要成员之一。

手取川本酿造甘口加贺美人

Tedorigawa Honjozo Amakuchi Kagabijin

- 精米步合 65%
- 适饮温度 冷饮 温饮 热饮
- 香气类型 原料香气
- 酒体 中酒体

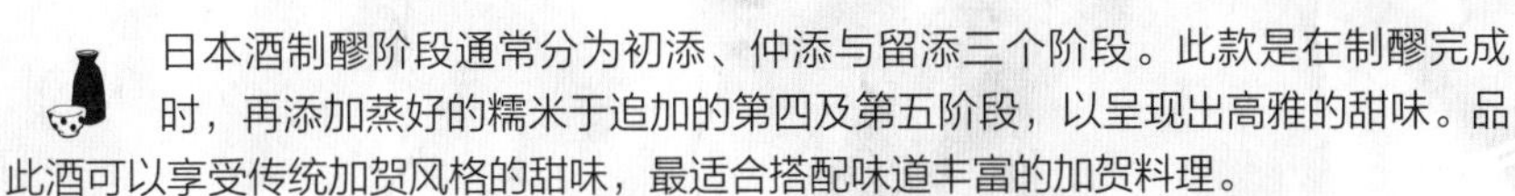

日本酒制醪阶段通常分为初添、仲添与留添三个阶段。此款是在制醪完成时，再添加蒸好的糯米于追加的第四及第五阶段，以呈现出高雅的甜味。品此酒可以享受传统加贺风格的甜味，最适合搭配味道丰富的加贺料理。

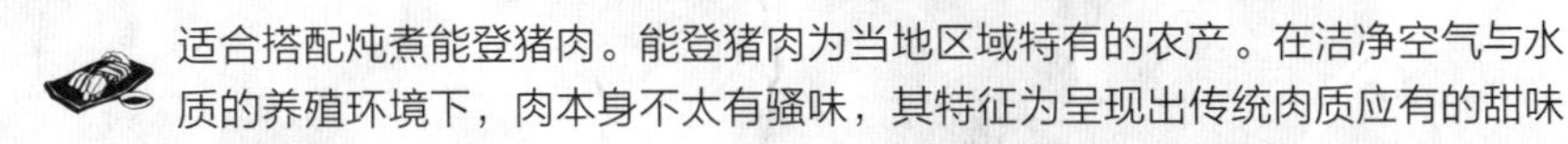

适合搭配炖煮能登猪肉。能登猪肉为当地区域特有的农产。在洁净空气与水质的养殖环境下，肉本身不太有骚味，其特征为呈现出传统肉质应有的甜味与柔软口感。肉炖煮后油脂甘甜浓郁，与味道偏甜的酱油非常配，越嚼越能尝到肉的美味。两者同调性的搭配，令人相当满足。此外它与蒲烧鳗鱼、照烧鰤鱼、寿喜烧及酱烤鸡肉串等搭配也很适合。

手取川山废纯米酒

Tedorigawa Yamahai-jikomi Junmai-shu

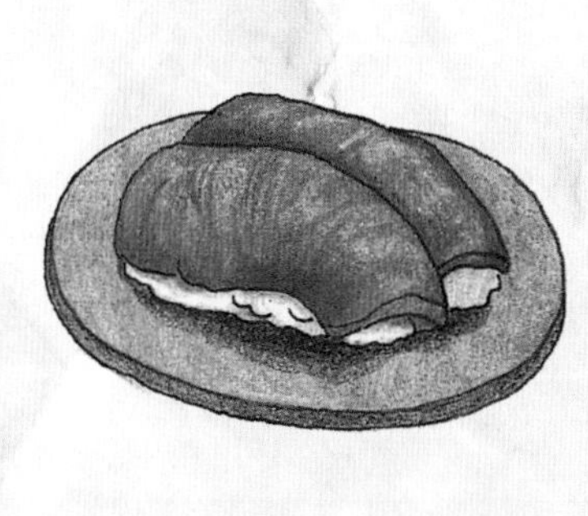

- 精米步合 60%
- 适饮温度 冷饮 温饮
- 香气类型 原料香气
- 酒体 中酒体

此款将山田锦与五百万石精磨至60%后，活用酒厂中的天然乳酸菌，利用传统山废酒母，经低温慢慢酿造而成。除了米的丰富旨味，山废酿造产生酸度，让酒的余韵更加利落，可以享受到不同的品饮乐趣。适合冷藏后饮用，或以40℃～45℃左右的温热口感也很推荐。

此款搭配能登牛手握寿司。能登牛是纯正黑毛和牛品种，肉质纹路相当细致，油脂高雅。肉入口后，油脂被体温融化，经咀嚼后，香气与旨味会慢慢扩散，再将温热后的酒含在口中，肉味与油脂香气，经酒中的酸而变得紧实。此外，此款与当地乡土料理剑崎辣椒味噌等味道感强的料理或是珍味料理也很搭配。

手取川大吟酿名流

Tedorigawa Daiginjo Meiryu

- 精米步合 40%
- 适饮温度 冷饮
- 香气类型 花果般的香气
- 酒体 中酒体

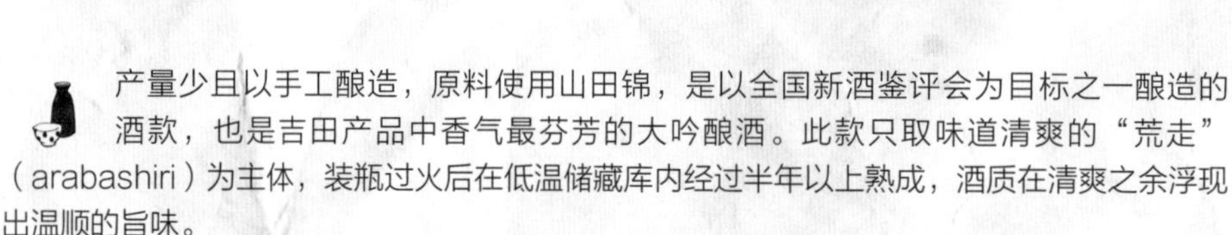

产量少且以手工酿造，原料使用山田锦，是以全国新酒鉴评会为目标之一酿造的酒款，也是吉田产品中香气最芬芳的大吟酿酒。此款只取味道清爽的“荒走”（arabashiri）为主体，装瓶过火后在低温储藏库内经过半年以上熟成，酒质在清爽之余浮现出温顺的旨味。

适合搭配炭烤金泽粗葱佐能登盐。加贺蔬菜中的金泽粗葱，特征是葱白部分又粗又长，口感柔顺，加热后味道鲜甜。此酒味道纯净，适合搭配清爽的料理。酒米温柔，旨味与自然的香气，搭配烧烤后带有甜味与旨味的青葱，更突出青葱的美味，同时提升食欲，也可搭配香鱼的带骨料理，河豚等清爽的白肉鱼刺身或是海鲜沙拉、生蚝等料理。

吉田藏大吟酿

Yoshida Kura Daiginjo

- 精米步合 45%
- 适饮温度 冷饮
- 香气类型 花果般的香气
- 酒体 轻酒体

酿酒匠人不过度依赖机械设备，在重视人的前提下，酿造出地区限定的大吟酿酒，也以入选新酒鉴评会为目标，由年轻杜氏细心酿造。此款味道清爽，香气华丽之中又带着清凉，适合搭配想品尝食材原味的料理。价格也相当地平易近人，是在石川县一定要品饮的酒款。

搭配蝾螺刺身、乌鱼子、龙虾与海胆醋冻以及龙虾与油菜花佐鱼子酱。此款是非常纤细的酒，口感虽简单清爽，但对食材的包容性高，可以搭配各种料理，如慢慢享受及品味食材组合的料理，或是希望充分展现食材原味的料理。

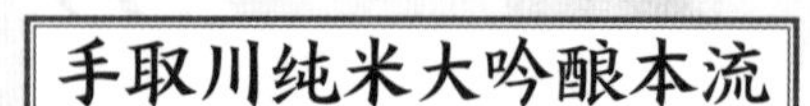

手取川纯米大吟酿本流

Tedorigawa Junmai Daiginjo Honryu

- 精米步合 45%
- 适饮温度 冷饮 温饮
- 香气类型 花果般的香气
- 香气类型 香气
- 酒体 中酒体

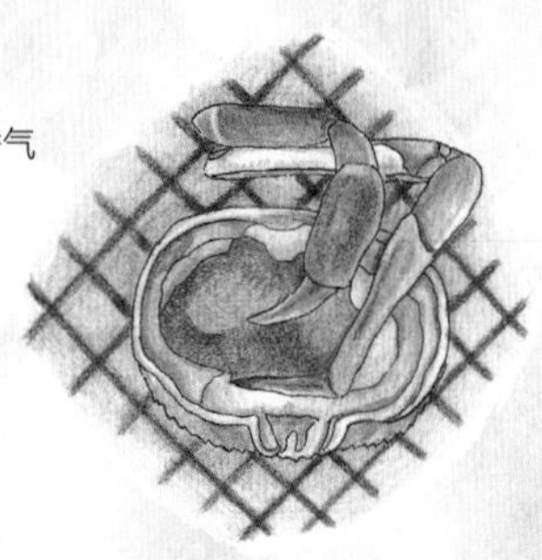

此款可称为手取川正宗的酒款，是将山田锦精磨至45%，经由低温精心酿制而成。它有令人感到安心的味道，无论搭配哪一种料理，都可以感受酒赋予的包容力，富有高雅的蜂蜜香，让人感觉轻柔舒畅。

此款适合搭配加贺桥立港的炭烤松叶蟹，因为带有饱满香气与独特甜味，与炭烤后松叶蟹扎实的口感与柔软的甜味非常搭配。另外也可以搭配白子醋物、芋头萝卜煮物、汤豆腐及甜虾刺身等料理。

餐搭设计提供：金泽辰口温泉Matsusaki（金泽辰口温泉まつさき）/ +81-761-51-3111 / 石川县能美市辰口町3-1

车多酒厂

苍郁森林之中的名酒源头

名酒背后的灵魂人物

车多酒厂的第八代社长藏元车多一成为现任会长车多寿郎的女婿，原本从事金融业的他乐在其中，虽然以前不太喝日本酒，但现在对酿造业充满热情。车多酒厂一反传统业界不易接受外界指导意见的常态，认为异业出身的女婿，拥有不同于一般酿酒人的想法，所以更能跳出框架，迸发新的思维。

酒厂除了有能登杜氏四大天王之称的中三郎杜氏为最高顾问外，酒厂另外一位重要人物，是曾于大阪政府机关担任酒类级别审查相关工作的德田先生，目前他酒厂的制造及质量负责人。德田认为车多酒厂对于事物的要求相当高，这也是天狗舞如此有名的原因，尤其会长在试酒时的认真态度与坚持让他非常钦佩。“由于必须酿出酒厂所期望的味道，我必须与杜氏就酿造工序的细节部分进行全盘讨论。若是发现味道与期待不同，就会对每个酿造过程作相当细致的检测，找出问题点并立即修正。”

酒质浓郁，味道丰富

车多酒厂认为酒的美味秘诀来自制麴与制酒母，因此他们相当重视这个酿造工序。中三郎杜氏传承下来的制麴方法属于细致检视，观

察24～48小时之间麴菌对米进行糖化的所有变化，随时调整菌种能作业的最佳状态。在此过程中稍有闪失是无法修正或弥补的，这仿佛就像与微生物进行对话般，让人在不可思议之间又不得不从内心敬佩这些达人们。呈现出旨味酒的风格，是天狗舞的最大特征，而“谨慎的态度”正是这美味由来的基本理念。

酒厂另外一项优点非“水”莫属。离酒厂约40千米处有日本三大灵山之一的白山连峰，山顶融化的雪水及雨水渗入地底成为伏流水后流动而下，而酿造用水必须往地底深入挖掘，找到几乎不含铁质的水源才能取用。原料米也是尽可能使用当地生产的米，希望能慢慢地促进当地化的酿造。此地由于气温不会太低，维持一般的温度控管，就可以进行发酵，因此非常适合酿造。由于北陆冬季的湿气较重，麴米中含有较多的湿气，加上空气中的水蒸气，酒的味道变得更加丰富，这也是北陆地区的酒质多偏向浓郁饱满风味的缘故。

引以为傲的山废酿造法

初次看到酒标写着“山废”（山廃）字样觉得很特别，当时认为是：在深山里的废墟所酿造的酒。山废其实是代表日本酒酿造文化的专有名词，也是日本酒发酵文化之一。这里所指的山废，是采用传统的酿造方式，利用天然乳酸菌发酵进行酿造作业。在酿造过程中，为避免杂菌污染，需要乳酸菌的帮助，这里添加的乳酸菌并非人工乳酸，而是巧妙利用酒厂空气中天然的乳酸菌，在低温中慢慢进行发酵。在自然培育方式的酒母中，只会留下活动力非常旺盛的酵母，这就

（上）呈现出美味日本酒的金黄色调　（左下）冈田杜氏与德田先生　（右下）俗称为“もやし”（麴菌）的种麹

完成糖化后的麹米

车多酒厂的山废酒母室

是日本酒相当引以为傲的生系酿造技术法。

在1910年以前，日本酒的酿造都是属于生酿造。在等待天然乳酸菌落下至酒桶的同时，以木杵做搅拌，据说每日需从半夜一直搅拌到天亮，非常耗时耗力。后来科学研究发现，有没有搅拌其实并没有太大差异，因此提倡废止搅拌的动作（山卸し），称为山废酿造。1911年酿造实验颁布了速酿系酿造，也就是添加人工乳酸来取代耗时的天然乳酸菌，由于当时日本酒销售情况相当好，很多酒厂开始转而采用这种酿造方式，以便缩短时间大量生产。车多酒厂曾有一段时间也采用速酿系酿造，但是会长意识到如果一直维持这样的方式，便失去了酒厂的个性，总有一天会被大型的酒厂吞噬，于是他开始思考采用传统的山废酿造，此后山废的比率慢慢提升。

冷饮温饮皆美味

车多酒厂的传统山废酿造，目前约占总产量的80%左右。山废酿造作业较一般酿造作业更烦琐，需要花费更多的时间、人力与技术。与其说是酿造，倒不如说是“培育”。速酿系酿造只要按照操作程序，失败的概率小，而山废酿造则困难度很高，其中最重要的就是用天然乳酸菌进行发酵，这也正是速酿系酒母所没有的。传统是通过乳酸菌发酵的方式，经过2周的细心照顾来制造味道的基底。这与一般认为的酒母工程是来培育酵母的见解有所不同。此时酒母会变得非常美味，有类似甘酒经过乳酸发酵后产生的风味，口感微酸，甜味非常浓郁，也富含旨味及丰富的氨基酸，然后再加入酵母菌，之后酵母菌会持续增加。车多酒厂的山废酿造正是从这个地方开始的。

山废酒质的特征在于酸味扎实、辛口风味及余韵悠长，因为要能与料理搭配，持续的酸味呈现是车多酒厂的特色之一。车多的酒质色泽多呈现淡淡的金黄色，除了熟成因素，未采取过度的过滤程序才是主因。对车多来说，金黄色才是美味日本酒该有的色泽。多数人认为山废等同于温饮，比较能够感受酒质深奥度与入口后饱满的口感，当地很多人却常以冷饮的方式品尝，只能说，好酒无论冷饮、常温或是温饮都很美味。

天狗（てんぐ／Tengu）

天狗（てんぐ／Tengu）是日本传说中的一种妖怪。一般认为，天狗有高高的红鼻子与红脸，身材高大，穿着僧服或武将的盔甲，通常居住在深山中，具有难以想象的怪力和神通以及不可一世的傲慢姿态。车多酒厂因为位于苍郁的森林之中，不时传来树叶摩擦的声音，仿佛天狗舞动，因此将酒款品牌命名为天狗舞。

天狗舞山废纯米酒

Tengumai Yamahai-jikomi Junmai-shu

- 精米步合 60%
- 适饮温度 冷饮 常温 温饮 热饮
- 香气类型 原料香气
- 酒体 厚实

天狗舞的代表，也是日本酒山废酿造的代名词。它具有宛如谷香的浓郁香气且酸味调和，个性丰富，余韵绵长，恰如其分的熟成度带来金黄色泽，让人同时有味觉及视觉的享受，从常温到温热饮用都很美味。

适合搭配河豚卵巢粕渍，这是只有石川县的旧美川町地区以及金石及大野地区获得食品加工许可的乡土料理。河豚卵巢含有毒素，一般不会食用，但是河豚卵巢经过2年以上米糠腌渍，毒素会被消除，是稀少珍贵的料理。它盐分很高，属于发酵食品，味道浓郁，与温热的纯米酒是绝佳的搭配，旨味与复杂感在口中协调出超乎想象的美味。

天狗舞山废纯米大吟酿

Tengumai Yamahai Junmai Daiginjo

- 精米步合 45%
- 适饮温度 冷饮 常温 温饮
- 香气类型 原料香气
- 酒体 厚实

天狗舞是以独自的山废酒母制造方式酿造的纯米大吟酿，充分呈现出米的旨味，芳醇顺口。酒质中麹与乳酸的味道特征，相当适合作为餐中酒。

适合与新鲜且带有纤细海潮芳香的海鲜寿司或是油脂丰富的鱼肉搭配，酒体的鲜丽感能与米的旨味调和，像鰤鱼（青鮒）等血腥味较强的海鲜，更能因酒的特质而只引出食材的甜味感，其他像是甜味偏高且带海腥味的蟹肉，酒质的旨味能完全展现出包容性，且能在入喉后给予利落的洁净感。

天狗舞纯米大吟酿50

Tengumai Junmai Daiginjo 50

- 精米步合 50%
- 适饮温度 冷饮 常温
- 香气类型 花果般的香气
- 酒体 中酒体

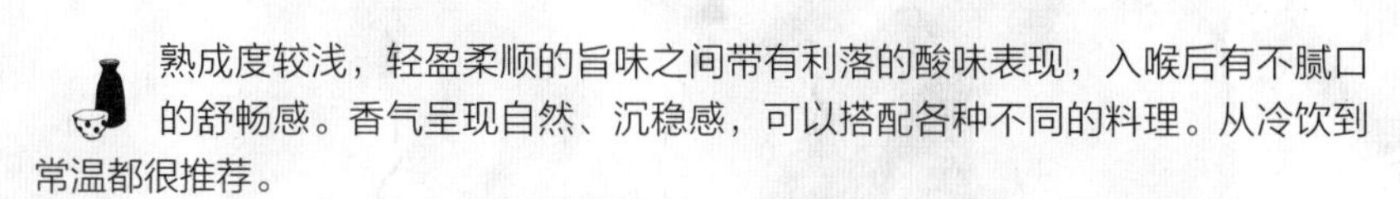

熟成度较浅，轻盈柔顺的旨味之间带有利落的酸味表现，入喉后有不腻口的舒畅感。香气呈现自然、沉稳感，可以搭配各种不同的料理。从冷饮到常温都很推荐。

红喉鱼（のどくろ-喉黑）为北陆特有名产，油脂高雅、肉质纤细为其特征。日本常有东日本横纲——喜知次，西日本横纲——红喉鱼的说法。搭配焖煎红喉鱼，轻盈的旨味不但不会破坏高雅纤细的肉质感，更能提升红喉鱼的甜味，利落的酸味表现则不会腻口且具有去除口中多余油脂的特性，建议酒以常温搭配。

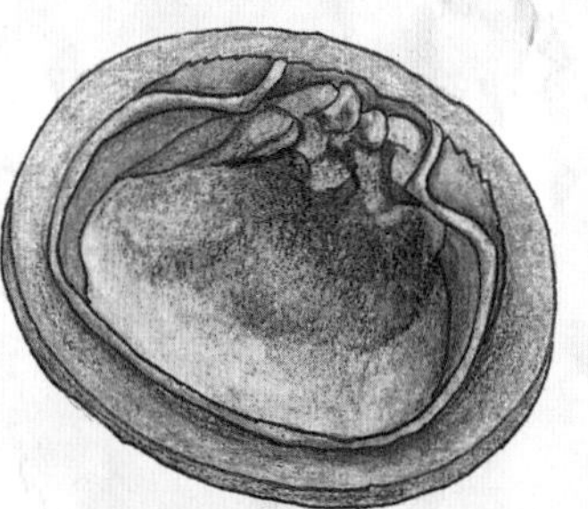

天狗舞纯米酒旨醇

Tengumai Junmai-shu Umajun

- 精米步合 60%
- 适饮温度 温饮 热饮
- 香气类型 原料香气
- 酒体 厚实

天狗舞是以独自创新方式酿造的纯米酒。酒体辛味与旨味表现平衡，很适合作为餐中酒，丰富的酸味让料理味道更加鲜明。酒色因为熟成，呈现出金黄色泽。

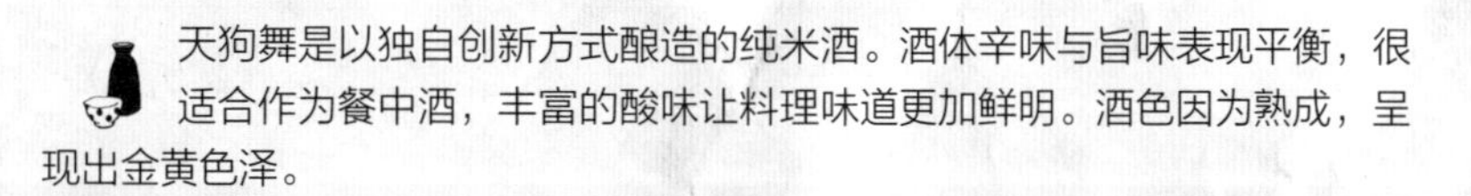

搭配日本海的松叶蟹甲罗烧。在松叶蟹的壳中放入蟹膏与蟹肉后烧烤，蟹膏浓郁复杂的旨味与蟹肉的甜味，搭配旨味非常具体的日本酒，会产生很好的协调性。酒适度的酸味与蟹膏淡淡的苦味中和后，味道相当均衡，形成在口中延展开来的美味表现。最后将酒倒入蟹壳中作甲罗酒，让蟹膏的旨味与日本酒的旨味相融合也是乐趣所在。

北陆地区

福井县 最具幸福感

©公益社团法人福井县观光联盟

福井县约有78万人口，占地418899平方千米，冬季多为阴天及下雪的天气，日照时间相对也较短。因为其在日本历史及地理位置中具有重要地位，所以非常适合旅游并品尝当地美食。据说它以“适合居住”以及“幸福感”位居全国之冠，可见它是一个相当安定平稳的地区。福井县拥有美丽的乡村景致，也汇集了许多美食与海鲜料理：辣味萝卜泥荞麦面、越前蟹、酱汁猪排盖饭、腌渍青花鱼、日本首屈一指的越光米、福井县限定西红柿、一吃难忘的若狭河豚、若狭马头鱼（甘鲷）、特别在冬天推出的水羊羹，以及代表性点心——羽二重饼（麻糬）等。

东寻坊

观赏日本海日落风情的最佳地点。岸边长达1千米的断崖绝壁，可让人感受到大自然的磅礴气势。

温泉

有原及三国等温泉地，一边泡汤，一边饱览整片日本海的景致。

永平寺

为曹洞宗的总寺院，它由道元禅师创建于公元1244年，修行者在面积达33万平方米的广大腹地中，进行严格的修行。

越前漆器

被指定为传统工艺品，优雅的色泽让使用者心灵感到平静。

永平寺

恐龙博物馆

胜山市是日本少数发现恐龙化石的地方。

丸冈城

别名“霞城”，据说是日本目前最古老的天守阁。“霞城公园”更入选为日本百大樱花名所。

黑龙酒厂

梦幻好酒与匠人的味道

神秘的梦幻水蓝

黑龙酒厂所酿造的酒，可称为日本酒中“梦幻名酒”的代表，在日本与世界各地都具有相当高的人气。酒厂位于日本福井县，公元1804年，由石田屋二左卫门创建于永平寺町的松冈。这个地区涌出的名水，来自灵峰白山群融化的雪水，经过长年累月的地层滋养及过滤后顺流而下，流经附近的九头龙川——福井县最大的河流。河里栖息着香鱼及樱花鳟，这意味着水质的清澈、澄净。九头龙川的伏流水属于“软水”，水质轻柔富有口感，这对于黑龙酒质有很大的影响。黑龙的名称，正是出自“九头龙川”的古名“黑龙川”。

酒厂第八代水野直人社长，曾在东京农业大学农学部酿造系学习有关酿造方面的基础知识。他在东京时因为饮用当地的水，发现不同地区水质竟有极大不同，认为自己家乡的水质才是最棒的，甚至请家人特地从家乡寄水到东京。乍一看十分奢侈，却也说明了他对“家乡水”的深深思念。如此让水野深深思念的鲜美水质，只要参观酒厂之后就能完全领会。黑龙酒厂的酿造用水存放于储水桶内，呈现令人惊艳的“水蓝色”，令人难忘。

根据黑龙酒厂的日记：“经过调查，由于光的散射，让水看起来为蓝色。水原本是无色透明，却会因为光线的关系看起来是蓝色。蓝光的波长较短，容易与水分子产生碰撞，而产生分散

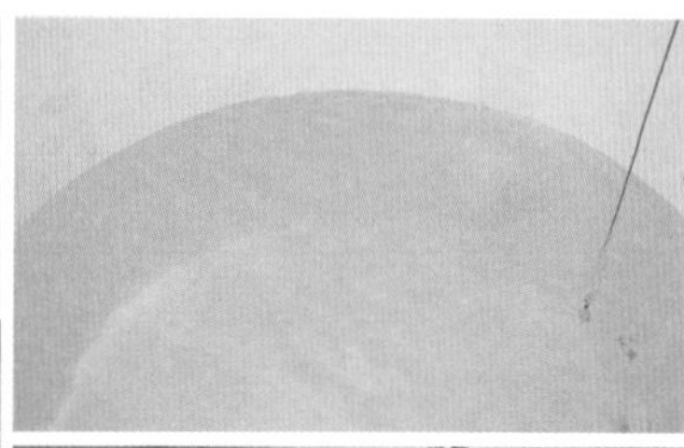

（左）九头龙川　（右上）梦幻水蓝的酿造水　（右下）专注于酒母分析中的女性社员

的蓝色光。”但并非所有的水质都会呈现水蓝色，因此本地水质更加有神秘色彩，只要将水含在口中，立即可以感受到鲜美与甘甜的口感，真不愧是需要花费百年才得以流入酒厂中的好水，可称得上是“水世界中的施华洛世奇”，这也是“黑龙酒质柔软顺口”的主要原因之一。

将日本三大名山之一的白山流下来的融化的雪水，与地底下75米处的地下水混合使用。因为水中杂质很少，若存放在内侧为白色珐琅材质的桶中，可一目了然地呈现出清澈洁净的水质。水质属于软水。

强调职场安心与安全

平成2年（1990年），水野社长回到酒厂，继续传承守护源自第一代的信念：好酒质与酿酒者的人情味。同时他也进行许多改革。首先，以“人”为出发点，重视“安心且安全的职场，才可以制造出安定的好酒”，以及“创造好的工作环境，才得以投入百分之百的热忱”的想法，从而培养出优秀的工作团队。例如：他特地将“ゴミ箱”（垃圾箱）以发音相同的“护美箱”来标示，来突显其特殊的意义。自古以来，酒厂是专属于男性工作职场的观念根深蒂固，在这个领域中几乎没有女性出现。但黑龙以“酿制好酒”为出发点，跨越性别及年龄的框架，让具有细心谨慎特质的女性负责“酒母室”的工作。因为强调“适才适所”的聘用，无论是负责哪个工作项目，所有的职人都可以做到最好。高度的责任感让人感受到整个酒厂非常坚定的向心力。

此外，在酿酒时期，黑龙也会聘用当地的年长者。年长的人在体力上无法跟年轻人相比，但是可以教导年轻人一些人生经验和想法，这不仅让工作进行得更顺畅，也可以让年轻一辈学习到人生的哲理。

造酒的总负责人是畑山杜氏，虽然他在酿造

纳豆禁忌

在开始制酒的2个月前，许多酒厂都会禁止酿造相关人员食用纳豆。因为日本酒的酿造过程与微生物息息相关，繁殖力旺盛的纳豆菌若漂浮在麹室的空气中，容易附着在原料米上，可能会排挤掉正准备好繁殖在米上的麹菌，造成不良影响。

业界的资历不长，但态度谦虚，立志持续努力酿造出好酒，其未来前途发展不可限量。几年前的一场日本酒鉴赏会，黑龙没有取得过往年年都有的奖项。当时畑山杜氏因感自己责任重大，在所有职人面前流下了懊悔的眼泪，并向大家低头道歉。这种比任何人都强烈的热忱与率真性格，不仅没有招致责备，反而加深了他与职人间的合作关系，一起努力酿造出好酒。水野社长也相当感动，他认为，畑山杜氏的存在，对黑龙来说是非常重要的。他也更确信畑山未来一定能够成为优秀的杜氏。因为有这样的团队，黑龙更加茁壮，这也正是酒质安定美味的秘诀吧。

黑龙酒厂具有相当深远的历史，空气中都还保有许多有助于酿造的好菌。旧时期的木造建筑，具有良好的保温效果，但缺点是在打扫及搬运时会不太方便。后来在平成6年（1994年）时，酒厂建造了三层楼高的钢骨建筑物：三楼洗米、蒸米；二楼制酒母、制麹室；一楼作业室、压榨，同时一楼还保留具有百年历史的吟酿大藏“龙翔藏”的专用工厂。因为改建，黑龙由从前劳动形态的酒厂，演变成效率良好的现代酒厂。同时为了守护传统味道，他们也在平成7年（1995年）开始实施当时少有的“社员杜氏制度”——属于全年雇用制度。（当时大多酒厂还是维持在冬天才聘请杜氏的制度。）

职人的坚持

为了确保可以把酒“最原始的美味”传递到消费者手上，水野社长亲自巡视全国各地的销售点。当时，日本酒的管理方法几乎没有“冷藏保存”的概念，因此陈列出的商品酒质或多或少会产生变化。由于日本酒非常纤细，若受到温度和光线的影响，容易产生“劣化”的现象。即使口头告知销售商冷藏保存的重要性，还是无法转达真正的意义。因此，水野社长只好刻意地将酒放置于“常温”下，让其产生“劣化”，并与采取“冷藏保存”的“正常美味的日本酒”进行比较，以实际的实验结果，让销售商了解冷藏保存的重要性。这是件费时的大工程，但对于以“质量第一”为要求的黑龙酒厂来说不是浪费，而是必要的时间。如果在消费者饮用前无法确保质量，无论是多么美味的好酒，都没有意义。黑龙酒厂如此正视问题的根本并寻求解决之道，不仅对自家的产品，甚至对整个日本酒界来说都是很大的贡献。

黑龙的英文是“Black Dragon”，这个名字给人非常强烈的感觉，但是实际品饮后，则感受到非常高雅舒服的口感以及不腻口的柔顺感，光是从酒散发出的舒服沉稳的香气，就会让人产生微醺的感觉。水野社长的外貌，也有着“黑龙”的气势，因此有人开玩笑说：“应该会有人觉得社长很恐怖，很难亲近吧？”实际上与水野社长接触过后的人都会发现，他是一位非常温柔体贴，意念坚强且心思细腻的人，就如如同他所酿造酒的口感，这也验证了酒厂总负责人的个性会反映在酒质的风格上。

（上）水野直人社长（右侧）与水野刚专务展现出兄弟档的默契
（下）保存完好的百年历史吟酿大藏“龙翔藏”

酿造酒精的添加比例

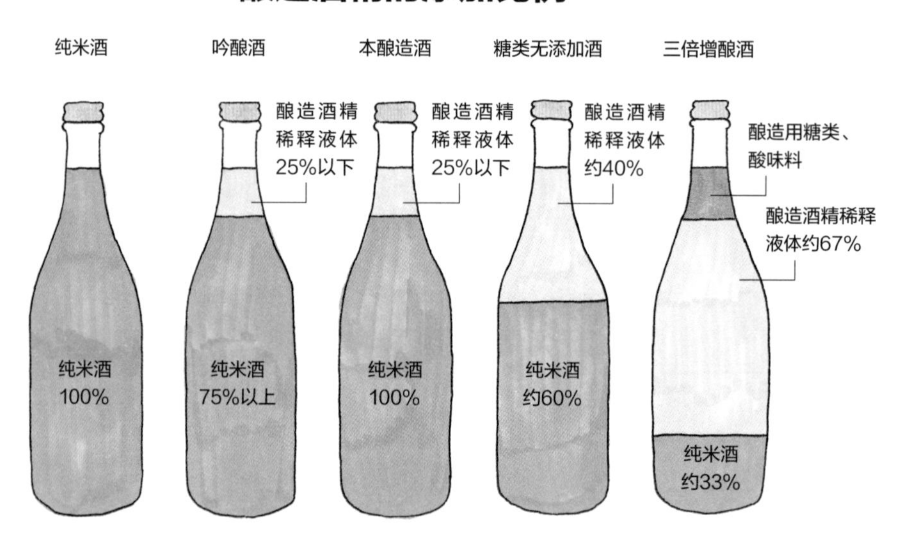

坚持质量的黑龙精神

在制程方面，现任会长、酒厂第七代水野正人社长，曾远渡法国学习葡萄酒的熟成技术，并将这个概念引入日本酒的制程。这也促使了黑龙酒厂在昭和50年间（1975年）推出了有熟成概念的“黑龙大吟酿－龙”。在当时，一瓶（1.8升）装的售价为日币5000元，价格非常高昂。因为这个契机，日本酒爱好者重新发现日本酒的美味，也开始对吟酿酒有所认识。直到今日，黑龙酒厂代代传承“质量第一”的信念，以决不妥协的姿态来酿造好酒，因此也获得更多日本酒爱好者的认同。

水野社长认为所谓“制酒”，不仅是从原料到日本酒酿造完成为止，而是到消费者饮用前都很重要，不可以有任何疏失。他非常重视代代传承下来的“父母心”：自己制造的酒如同自己的女儿一般，要让女儿穿着华丽的和服出嫁的心情。因此黑龙从酒瓶、酒标到包装盒也都非常的用心。

黑龙酒厂对酿造好酒的坚持可以从很多地方看出端倪。在第二次世界大战时，“三倍增酿酒”是因应战后稻米不足所研发的增量酿造手法之一。战后日本酒的需求日益增高，但是稻米的产量不足，造成日本酒的产量无法提升。为了弥补日本酒产量的缺口，许多酒厂开始生产添加大量酿造酒精与水，以少量原料大量生产酒类，所以收益较高的三倍增酿酒，成为当时的市场主流。

我们可以了解，三倍增酿酒是因为战争所产生的酒款。然而，黑龙酒厂的现任会长水野正人在当时却希望三倍增酿酒的酿造制度可以尽快废止。他没有被当时严苛的时代环境左右，而是一直酿造着自己有所坚持的“好酒”，这就是“黑龙”的精神。

三倍增酿酒

指在纯米酒里加入酿造酒精再以水稀释至相同酒精浓度的液体，以此来增加产量至三倍左右的酿造法，而添加后所导致日本酒味道变淡的部分，会以糖类（葡萄糖、水饴）、酸味料［乳酸、琥珀酸（丁二酸）、麸胺酸］等调味料来弥补。平成18年（2006年），三倍增酿酒的酒税名称改为二倍增酿酒。

黑龙特吟

Kokuryu Tokugin

- 精米步合 50%
- 适饮温度 冷饮
- 香气类型 花果般的香气
- 酒体 轻酒体

用福井县生产的五百万石，以低温酿制而成的大吟酿酒款。虽然它的标示为吟酿，但是在口感各方面的潜力，它可以媲美大吟酿。这款酒具有的香气十分高雅而且清爽，口感也非常洁净。

搭配三国产的炙烧板海带芽，放入饭里或味噌汤中都非常美味。食材使用三国产的天然海带芽，取其较为厚实的部分，再加以日晒。尤其是将其切成容易入口的大小，清脆的声响，更让人食欲大增。酒的口感洁净滑顺，同时也带有丰富的膨胀感，与味道简单但盐味平衡、香味持续的三国产板海带芽是绝佳的搭配。海带芽的矿物质口感与黑龙特吟明确的酸度非常搭配。

黑龙雫

Kokuryu Shizuku

- 精米步合 35%
- 适饮温度 冷饮
- 香气类型 花果般的香气
- 酒体 轻酒体

如同“雫”（しずく）这个词，意味着酒是从酒袋里一滴滴地慢慢自然滴落汇集而成，非常珍贵。此款是酿制于“大寒时节”的大吟酿酒。洁净透明的口感，吸引了很多的爱好者。

适合搭配微汆烫的越前蟹刺身与若峡湾的清酒蒸甘鲷（马头鱼）。这款酒口感清晰透明，特别是与口味细致的料理非常搭配，酒与食物相遇后会产生温柔细致的口感。“雫”是为了与越前蟹搭配而酿制的酒款，特别是与越前蟹刺身有绝妙的搭配效果。因为新鲜的越前蟹刺身，口感非常有弹性，互搭后的美好滋味，难以用言语形容。越前蟹自然的甜和整体的风味，与“雫”洁净且淡淡的米香，巧妙地在舌尖上融合。食用越前蟹，请勿蘸取太多的酱油，建议只要蘸上些许的酱油、盐或是柚汁就相当美味。

“雫”与水煮越前蟹是绝佳的搭配，或是搭以清酒蒸过的甘鲷（马头鱼），细致的鱼肉与高雅的酒质搭配在一起也非常棒。

黑龙八十八号

Kokuryu Hachijyuhachigo

- 精米步合 35%
- 适饮温度 冷饮
- 香气类型 花果般的香气
- 酒体 中酒体

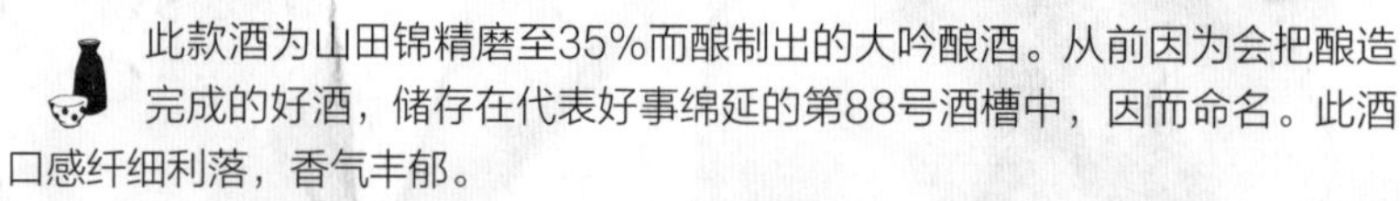

此款酒为山田锦精磨至35%而酿制出的大吟酿酒。从前因为会把酿造完成的好酒，储存在代表好事绵延的第88号酒槽中，因而命名。此酒口感纤细利落，香气丰郁。

可以搭配越前蟹的网烤与甲罗烧等料理。越前蟹在加热后，肉质会更加甜美，加上烧烤过的香气，令人回味无穷。充满蟹膏的甲罗(蟹壳)，经过烧烤后的风味绝佳。在吃完蟹膏的蟹壳中，倒入日本酒予以加热，称之为“甲罗酒”，因为带有螃蟹的鲜甜，其风味也格外特别。简单来说，越前蟹会因为料理方式、料理部位以及食用方法的不同，搭配的酒款也不相同。烤过的越前蟹香气丰富，肉质也鲜甜饱满，与富含旨味，口感具体且利落的八十八号非常搭配。此外，将蟹肉蘸上蟹膏后食用，风味绝佳，可以充分享受到食物与酒完美搭配的乐趣。

九头龙纯米酒

Kuzuryu Junmai-shu

- 精米步合 65%
- 适饮温度 冷饮 温饮
- 香气类型 原料香气
- 酒体 轻酒体

“九头龙”系列以专为温饮酿制而闻名。此款酒是利用低温发酵，并且通过熟成概念所酿制的冷、温饮皆适合的纯米酒。此酒经由加热会提高米的旨味，可以品尝到余韵温暖的口感。

此款搭配产自三国的盐渍海胆及米糠腌渍青花鱼。“盐渍海胆”是用盐腌渍的海胆，因为咸味颇重，只要用筷子尖端蘸取一点儿放入口中，海胆深层的旨味就会慢慢扩散开来，堪称是一道珍品。“米糠腌渍青花鱼”是一道将盐撒在青花鱼上，再放入米糠中腌渍的乡土料理。将米糠去除后以火微烤青花鱼，可以作为下酒菜或是茶泡饭来食用。由于“盐渍海胆”及“米糠腌渍青花鱼”的口味都较重，不适合大口食用。复杂的口感，应该要小口慢慢品尝，建议搭配40℃左右的温酒，好好品味一番。这也是自古以来存在于日本的搭配方式，享受日本酒与“珍味”下酒菜搭配是十分有趣的。

黑龙大吟酿

Kokuryu Daiginjo

- 精米步合 50%
- 适饮温度 冷饮
- 香气类型 花果般的香气
- 酒体 轻酒体

此款使用严选的酒厂好适米，经1年熟成并细心酿制而成的大吟酿酒。因为它完全没有杂质感，用“透洁感”来形容再适当不过。酒含有丰富的果香，口感利落，喝起来感觉很清爽。

此酒款适合搭配产自三国富饶海洋中的比目鱼及海螺等刺身。“黑龙大吟酿”透明、滑顺的口感，与比目鱼及海螺等简单的食材都非常搭配。无论是作为主角或者是配角，都可以让整个用餐过程感觉更为舒畅。

黑龙大吟酿龙

Kokuryu Daiginjo Ryu

- 精米步合 40%
- 适饮温度 冷饮
- 香气类型 花果般的香气
- 酒体 中酒体

精米步合至至40%且全部使用兵库县产酒米山田锦。此款酒通过低温熟成，充分利用了葡萄酒的熟成概念，香气表现华丽沉稳，口感相当滑顺。

此款适合搭配水煮越前蟹。如果要品尝越前蟹的原味，大多数人会选择水煮方式，因为料理方法很简单，如果食材不够新鲜，简单的美味就无法呈现。与“黑龙”相比较，“黑龙大吟酿龙”更适合用来搭配水煮越前蟹。因为水煮后的蟹肉，与口感滑顺且香味旨味深奥的“黑龙大吟酿龙”在口中相遇，酒会引出味道单纯的食材潜力，从而更能品尝到酒款整体安定厚实的口感。

餐搭设计提供：一灯（Ittou）/ +81-776-22-1322 / 福井县福井市中央3-12-12

富士宫市

富士山脚下的宗教与美食中心

©静冈县富士宫市企划部未来企划科

位处静冈县东部，北边有世界文化遗产富士山。富士宫市坐落于富士山山脚下的原野，腹地辽阔，是日本象征艺术与信仰的源泉。富士山本宫浅间大社、山宫浅间神社及村山浅间神社都是著名的宗教景点，约占富士山麓的四分之一。这里拥有闻名全日本弹牙有嚼劲的富士宫炒面、养殖虹鳟、含有菊芋的菊姬火腿、细长条诗签形状的万能食材富士山米皮（可用作于面、火锅、咖喱等料理）、可长期保存的水煮落花生、可作为贺礼的薮北茶、东京电视台节目“电视冠军”——与吉原商店街共同开发的富士意大利面蘸面、静冈绿茶稀释酒饮、果肉中心呈现红色的彩虹红（Rainbow Red）品种奇异果、万幻猪肉以及地方特有料理——炸豆腐泥饼。

白丝瀑布

自富士山涌出的水从150米高处奔流而下。据说白丝瀑布是长谷川角行在洞穴中进行“水行”的地方，因此它成为富士山信众参拜及修行的场所，也是观光名胜。

南泽萤火虫清流公园

自5月下旬到7月中旬可以看到2万~3万只左右的萤火虫，因为同时可以看到源氏及平家萤火虫，也被称为“源平和战”。

朝雾高原

可以近距离地仰望富士山，会被意想不到的景象所震撼。从水平方向望过去，可以看到乳牛们横卧的姿态。此地酪农业兴盛，悠闲的氛围让心灵获得疗愈。

富士山本宫浅间大社

为了平息富士山火山爆发，将富士山视为神祇祭祀的神社，从9世纪开始它成了信仰中心。

富士山登山

被选为世界遗产的富士山，每年都有很多的观光客参访。而在仅有的4条登山路线里，以富士宫登山口距离山顶最短。

狩宿樱花祭典

狩宿下马樱的树龄已有800多年，是日本五大樱花树之一。

富士宫祭典

在世界遗产富士山的指定范围——富士山本宫浅间大社附近举行秋季大祭典。“富士宫杂子”的演奏被静冈县指定为无形民俗文化遗产。

富士山本宫浅间大社©静冈县富士宫市企划部未来企划课

富士高砂酒厂

静冈的山废酿造代表

静冈县地理位置在东京至京都的必经之路上，因此产生了多元的文化与交流。富士山的好水，使静冈县清酒多数呈现洁净的酒质。富士高砂酒厂的水源涌出量，多到让人叹为观止。其水质属于超软水，水中微生物含量少，因此发酵需要较长的时间。说到山废酿造，大多数人会想到北陆地区或日本东北地区的酒厂，而在静冈县的酒厂中，以前很多家采用山废酿造方式，目前在静冈县，富士高砂就是山废的代表。相较于其他地区的山废酒，富士高砂多数呈现较厚实的酒体，以及具深度的酸味。富士高砂的山废，偏向清爽的酸味表现，对于初学者属于相当容易品饮的酒款，其中，又以山废纯米吟酿在中国香港与中国台湾地区最具人气。

来自灵山的伏流水

富士高砂的酿造用水是从地底28米处汲取的富士山的伏流水，水质柔顺，且不加以过滤（丰沛的伏流水量在全国酒厂中相当少见）。软水的特性在于矿物质含量少，入口后带给舌面柔软、滑顺及服帖的触感，可酿造出个性宛如女性的酒质。富士高砂的绿梅酒也相当具有代表性。由于放入天然的绿茶，其颜色没有经过调整，与一般看到的颜色多少有点差异。一般梅酒的浸渍时间大约是3个月，这里的梅酒要经过6个月的浸渍，口感更加温润，扎实风味也是这款酒的特征。

酒厂的酿造用水含有钒元素。钒水也是矿泉水的一种。因为已被证实有降低血糖的功效，钒现在是相当受到瞩目的矿物质。据说很多人喝了含有钒的富士山山泉水，血糖都下降了，因此这也形成一股风潮。此外它还能让体内不易残留脂肪，其另一特点是，人长期引用钒水，可以转变为不易肥胖的体质。因此，为了减肥饮用含钒元素水的人也不在少数。

与富士山一般的神秘色彩

富士高砂的旧名为山中正吉，是创业者的名字。根据第五代中宣三所汇整《酿造家传记》

属于超软水质的富士山伏流水

中叙述，第一代的正吉在1820年开始酿造日本酒。当时正吉在东海道经商，途中停留在吉原宿旅馆，同住的旅人突然身体不适，正吉帮忙照顾。旅人正是能登松波出身的杜氏，两人因此结缘，在天间村（现在的富士宫市）开始酿造日本酒。

富士山对日本来说算是一种精神象征，也被称为灵山。日剧常出现的澡堂画面里，似乎都有一幅富士山的壁砖画。浅间大社距离酒厂步行约5分钟，酒厂被灵山与神社环绕，称之为离神明最近的酒厂应该也不为过。酒厂中的药师藏，给我留下很深的印象，或许跟我喜爱寺庙有关。日本酒主体的原酒，在安静的空间里沉睡着，似乎像是被神明保佑着，等待适当的时刻被取出，并加以点缀制成商品。

高砂有几个酒槽主要是珐琅材质，压榨后的原酒再一次放置在此，让酒中的残滓沉淀。在药师藏的二楼，供奉着五尊药师如来及三尊铸铁地藏，这些佛像最早被供奉在富士山山顶的药师堂中，后来由第二代正吉安置在酒厂中。当时的明治天皇非常信仰神明，富士山的存在如同神明，因此他认为佛像不该与神明一样高居富士山山顶，所以开始破坏神像。正吉不忍这些佛像受到破坏，在1874年将它们搬至酒厂中，命名为药师藏。

现今酒厂的杜氏认为：“因为日本酒是要搭配料理的酒，扮演着配角的角色，但它却是无论何时都可以继续品饮的酒款，具有存在感，所以，我们希望能够酿造出风味沉稳的日本酒。”另外，酒厂也成为F1的红牛（Red Bull）车队的赞助商，以“Joraku”为名酿制了F1专用的特别版日本酒。

酒厂内惊人的涌水量

药师藏二楼所供奉的药师如来

老师说

富士高砂

在2013年之前，可能已经有朋友喝过富士高砂推出的酒款，当时你也许会觉得略带苦味，但随着新型洗米机的导入，米的洗净质量更加提升，后来的酒不但苦味消失，入口后的旨味也更加自然顺畅。这也验证在酿造作业中，每个步骤都会对酒质造成影响。

高砂山废纯米辛口

Takasago Yamahai-jikomi Junmai Karakuchi

- 精米步合 65%
- 适饮温度 冷饮 常温 温饮 热饮
- 香气类型 花果般的香气 原料香气
- 酒体 中酒体

具有山废酿造特有的柔和酸味与饱满的香气，以及静冈酵母华丽清爽并存的风味。前段口感柔顺，余韵则散发出醇厚深奥的辛口感。温过后整体的旨味、酸味、甜味及辛口感融为一体，变得温润丰富且顺口易饮，因此从冷饮到热饮各有不同的品尝乐趣。

适合搭配黑鱼板矶边卷。将沙丁鱼或是鲹鱼等红肉鱼，连同鱼骨一起制成鱼浆，品尝鱼原本的风味。黑鱼板味道类似甜不辣，味道扎实，越嚼越能感受鱼旨味与海的风味。层次丰富的酒与味道扎实的青鱼风味黑鱼板完美融合。山废的香气与酸味，巧妙地包覆了鱼腥味，只呈现出鱼板的甘甜。温过后的酒，搭配蘸山葵的黑鱼板，口感更加丰富饱满。

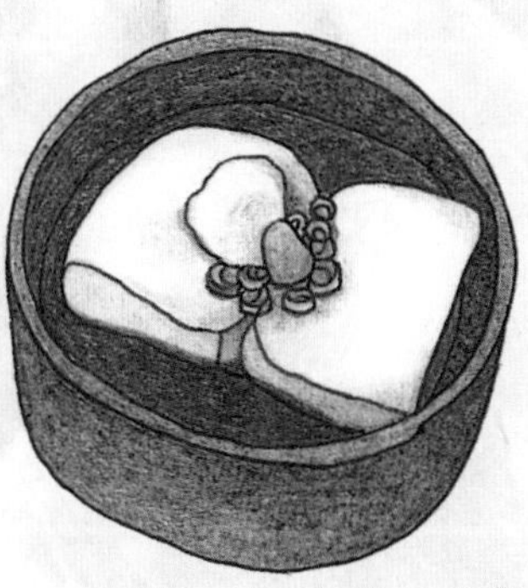

高砂大吟酿

Takasago Daiginjo

- 精米步合 35%
- 适饮温度 冷饮
- 香气类型 花果般的香气
- 酒体 中酒体

香气的柔和华丽，让人心情放松，将山田锦精磨至35%，是在低温中慢慢酿造的逸品。其味道充满高雅且饱满的米香，丝滑柔顺的口感带出具洁透感的酒质与从舌尖扩散到整个舌面的讨喜的干型口感。

适合搭配扬出豆腐。经油炸后的豆腐面衣与酱油调味的高汤结合后搭配此酒，会呈现出扎实的旨味表现，这与山田锦所呈现出的温润风味相当协调。酒温度太低时，不容易感受到细致香气与风味，建议以接近常温的温度饮用。此款属于适合慢慢品味的酒款，也可搭配白身鱼刺身和鸡肉等较为淡雅的食材。

高砂山废纯米吟酿

Takasago Yamahai-jikomi Junmai Ginjo

- 精米步合 55%
- 适饮温度 冷饮 温饮 热饮
- 香气类型 花果般的香气 原料香气
- 酒体 中酒体

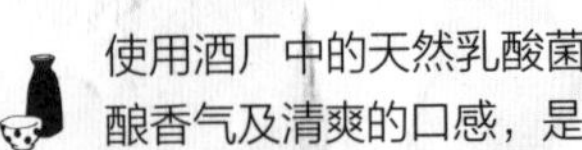

使用酒厂中的天然乳酸菌，遵循古老工法酿造，呈现幽淡高雅的米香、吟酿香气及清爽的口感，是风味浓郁的甘口类型酒款。

口感浓郁甘甜，搭配油脂丰富的牛肉寿喜烧，或炖煮猪肉块等，以酱油砂糖调味的料理也可以。微涮朝雾牛荞麦面属于当地店家的特色料理。霜降肉片铺在荞麦面上，淋上雅致调味的热高汤，可以品尝到上等牛肉的甘甜油脂。将酒温过之后，蕴含在酒中的潜力因为温度提升，与料理同时自然地融入味蕾之中。

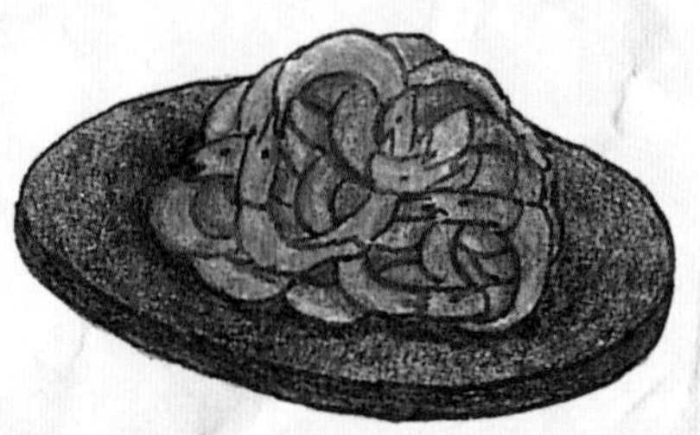

高砂望富士

Takasago Nozomufuji

- 精米步合 60%
- 适饮温度 冷饮 常温 温饮
- 香气类型 原料香气
- 酒体 轻酒体

为纪念日本富士山被列入世界文化遗产特别酿造的特别纯米酒。酒标上富士山图样令人印象深刻，是一款发挥米的旨味，口感滑顺的甘甜辛口酒。此酒风味轻快舒畅，建议冷饮、常温或是温饮饮用。

这款酒可以搭配各式不同的料理，以当地盛产的樱花虾为例，刺身的鲜甜味及带壳的口感所交错出的美味是无法用言语形容的。冷酒饮用的话，可以感受到舒畅的口感，加热后的酒与汆烫后的樱花虾一起品尝，樱花虾的甜味会慢慢出现，味道非常协调。若是要搭配炸樱花虾或是什锦炸物，建议的温度是温饮或是热饮。

 餐搭设计提供：Shihokawahonten（志ほ川本店）/ +81-544-27-3363 / 静冈县富士宫市西町 5-5

纯米气泡酒

Takasago Junmai Sparkling

- 精米步合 60%
- 适饮温度 冷饮
- 香气类型 原料香气
- 酒体 轻酒体

富士高砂酒厂新系列产品，绵密细致的气泡口感融入纯米酒中，优雅美妙的酸度，尾韵略带清爽的乳酸感，可带来在炎炎夏日中的微醺新感受。

适合搭海鲜料理或手握寿司等料理，清爽的口感搭配每一款手握寿司，不仅能洗涤口中油脂的残留感，其中富含的旨味更与醋饭融合为一体。另外也可用来搭配西式的开胃料理或作为餐后搭配日式甜品的餐后酒。

绿茶梅酒

Takasago Umeshu Ochairi

- 适饮温度 冷饮

采用山废本酿造为底所制成的梅酒，再与产自静冈茶中萃取出的绿茶精混合而成的梅酒。尾韵可以感受到茶中的丹宁。由于采用山废酿造底，虽然带有甜味，但是口感相当清爽，非常美味。

搭配朝雾高原的优格。这种味道清淡且酸味纯净的优格，与带有甜味且味道清爽的梅酒，两者搭配非常调和，牛奶清爽、绿茶令人畅快。其他可搭配的料理包括盐烤鸡胸脯肉和盐烤紫苏鸡胸肉（以紫苏叶包覆食用别有风味）。

清水市位于日本静冈县中部（旧骏河国），是一个目前已不存在的城市，也是漫画家樱桃子原作漫画《樱桃小丸子》的故事舞台。2003年，清水市与原静冈市合并为静冈市，因此有了“静清”之称。在骏河湾岸边可同时遥望富士山与太平洋，如画般的美景一年四季吸引了许多观光客。此地著名特产有樱花虾、吻仔鱼、烧津柴鱼，用竹叶包裹的追分羊羹，太田椪柑与静冈黑轮（关东煮）等。

日本平

日本观光地百选竞赛获选第一名的风景名胜，同时也是日本国家级风景名胜及县立国家公园。

清见寺

江户时代受到德川家的庇护，成为接待朝鲜通信使者的地方，至今已有1300多年历史。室町时代的雪舟，明治时代的夏目漱石及高山樗牛等多位文人及诗人，都曾经到过此地。寺庙中有一株古老梅树，据说是德川家康亲手栽植，因强而有力的枝干形似沉睡中的虬龙，因此称为“卧龙梅”。

樱桃小丸子乐园

乐园位于清水港旁购物商城梦广场“Dream Plaza”的3楼，可看到以真人比例呈现的小丸子与家人。现场也提供卡通服装租借，可在场景中的教室与操场拍照纪念。

三保之松原

在三保之松原可远眺伊豆半岛及富士山，它列为日本新三景，是日本三大松原之一。日本有名的仙女下凡故事“羽衣传说”，其中一个地点就在三保之松原，附近的御穗神社还保存着据说是仙女的羽衣碎片。

静冈祭

在1957年间，为了呼应已有450年历史，深具传统性的静冈浅间神社“廿日会祭”，而开始举办的民间祭典。每年4月，在开满樱花的骏府街道上，大家穿着古装游行与跳舞，让人有跨越时空、仿佛回到江户时代的感觉。

烧津神社大祭荒祭

此祭典具有1000多年的历史，是相当特殊且声势雄壮的祭典。每年8月，在有“东海第一荒祭”之称的烧津神社大祭的祭典中，以男、女两座神舆为中心，由数千名身着白色装束的人们在街道中游行直到深夜。

骏河涂下驮（漆木屐）

江户时代，提到高级的漆木屐就会想到静冈县，现在静冈的漆木屐制造量仍位居全国之冠。

清水港

清水港为国际据点港湾的指定港口。因为能眺望富士山美景，而被列为“日本三大美港”之一，其鲔鱼渔货量为日本第一。

三和酒厂

源自《三国演义》的天下美酒

“卧龙”这个词非常古老，出自中国四大名著之一的长篇小说《三国演义》。这部小说是以魏、蜀、吴三国对立的时代为背景，描述当时英雄豪杰的争斗与命运。书中提到刘备三顾茅庐亲自邀请诸葛亮，其中就出现“卧龙－凤雏”的词。卧龙指沉睡的龙，也就是尚未得到天下之前，沉潜在地的龙，换言之，也就是指尚未得到机会伸展大志，沉潜在民间的英雄诸葛亮。凤雏指幼小的凤凰，暗喻具备成为大人物特质的人。

将场景转回到日本，当时正处于战国时代末期，之后创立德川幕府的德川家康，年幼时曾是金川家的人质，有一段时间居住在酒厂附近的禅寺“清见寺”里。传说有一天，他因为过于无聊，在禅寺庭院某个角落栽种一枝梅花的枝干。跟诸葛亮的故事一样，住在清见寺时的家康也是静静沉潜着。家康当时栽种的梅枝，历经300多年的岁月已成为大树，每年3月，树上的梅花就会盛开。壮观的枝干样貌宛如沉睡的虬龙，不知从何时开始就被称为“卧龙梅”。三和酒厂希望如同卧龙的故事一般，获得“天下美酒”的赞赏，因此将新推出的酒款命名为卧龙梅。

可瞭望清水港的清见寺

安心农夫的米

酒厂当地的水质非常干净，酿造用水是以“清流”之名与川中鲇鱼（香鱼）闻名的兴津川伏流水。过去酒厂只使用五百万石及山田锦作为原料米，现在也试着挑战其他酒米。特别是雄町米，经由熟成工序，米的旨味能完全呈现出来，从而成为非常美味的酒，适合温热后饮用。

关于米的产地及由来，酒厂认为有责任向消费者说明。以前使用的酒米是由酒厂组合会向全国农业协同组合联合会订购，但是现在的酒米供应商很多，因此更加混乱。例如曾经有某家酒厂亲自造访提供原料米“爱山”的产地，却听农民说起市面上很多写着某某地方产的爱山，实际上当地根本没生产爱山米。这听来令人震惊，因此三和酒厂使用的所有酒米，都由可信赖的农家提供安心商品。

洗米部分，三和酒厂在原料处理上投入很大的心力，同时使用大量的水进行洗米。酒米与一般食用米不同，因为平均的精米步合较低，成分几乎都是淀粉，因此吸水状况的控制很重要。依据酒米的品种与精米步合的不同，浸水的时间都必须经过谨慎调节，例如山田锦精米步合35%需要8分钟，五百万石精米步合55%需要12~13分钟，这样的控管工序称为“限定吸水”。酿酒的成败关键就在原料处理上。蒸米的冷却器经由冷却设备产生冷空气，连空气推力输送管（air shooter）也是使用冷空气运送米。我想，连输送管内的空气温度也重视的酒厂应该不多。空气推力输送管利用气压送出空气，因为空气的温度较高，若不加以冷却，先前特别冷却过的米，经由运送过程，温度会再上升，一切将功亏一篑。

（右）三和酒厂前的杉玉。杉玉又称作“酒林”，是将杉木的枝叶集结为圆球状而成。每年在新酒酿好的时节，酒厂会制作鲜绿的酒林装饰在门口。据说从前是为了让人通过酒林的颜色变化来判定日本酒的熟成状况，流传至今则带有酒厂期待酿制出美味日本酒的心意。

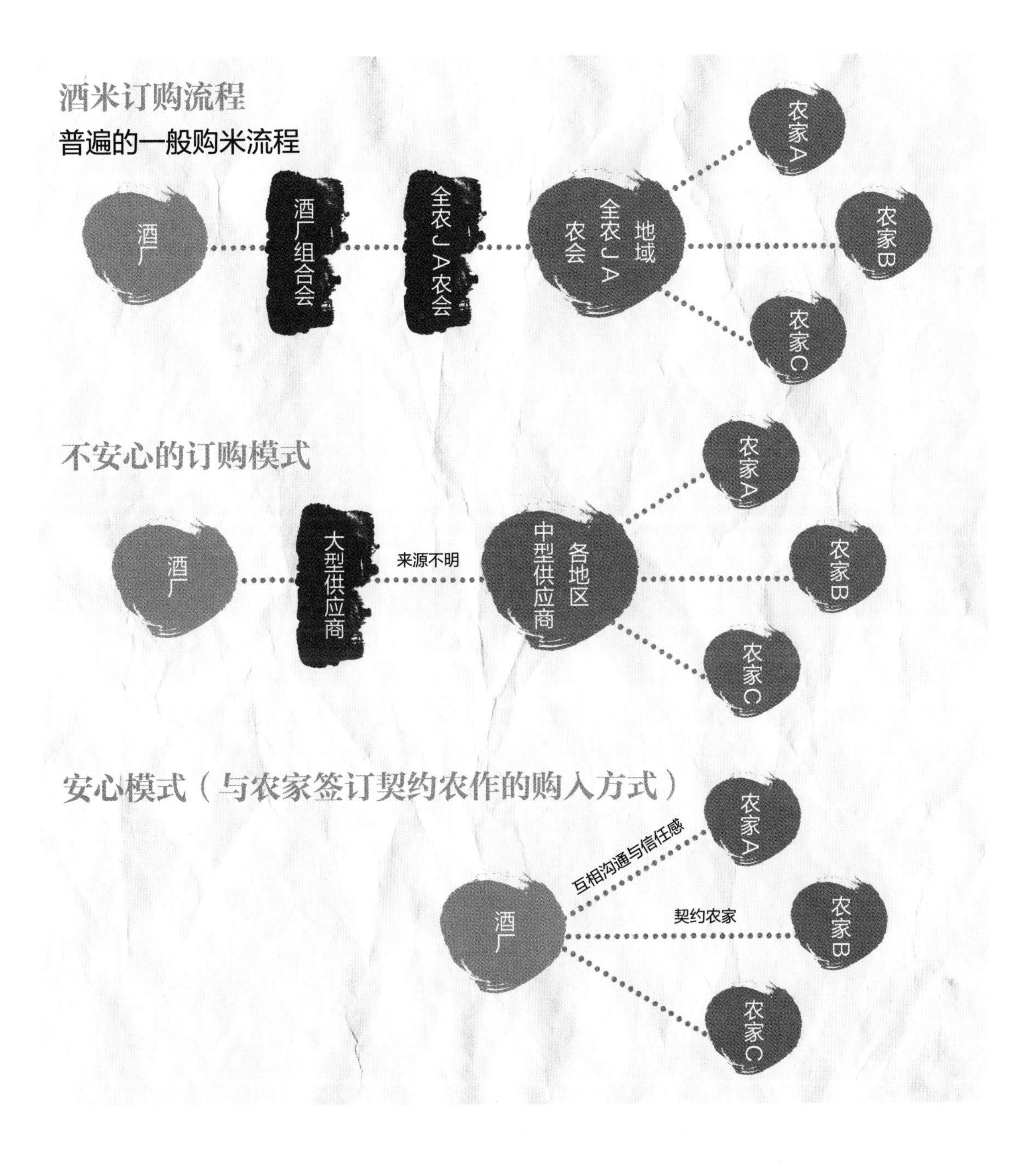

吟酿酒与非吟酿酒酿造

这两种酿造方式的不同点在于酿造过程中的精米步合与温度管理，借由精米削除影响酒质的蛋白质与脂肪：精米步合越低，米所留下的是越纯净的淀粉质。但讽刺的是，微生物的构成需要蛋白质，在没有营养的情况下，酵母为了生存，会在痛苦求生之际产生出氨基酸、苹果酸等有机酸，而这些有机酸的产生正是所谓的吟酿香的由来。另外，在温度控管上，高温虽能让发酵速度变快，但容易产生杂味，若是希望酿造出洁净的吟酿酒体，就需要以低温抑制杂味的出现，也就是我们常听到的“吟酿酒低温发酵法”的由来。

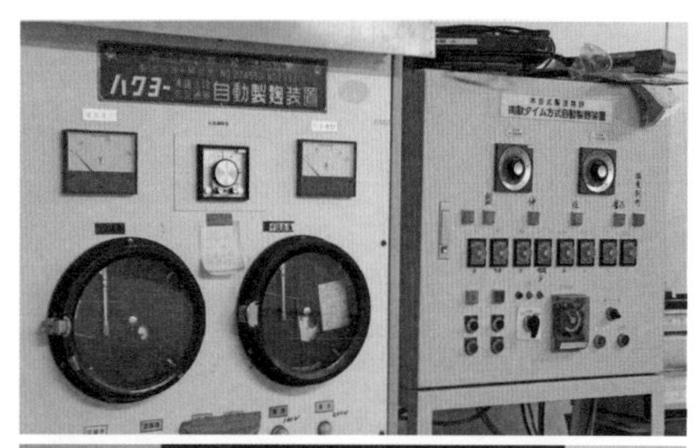

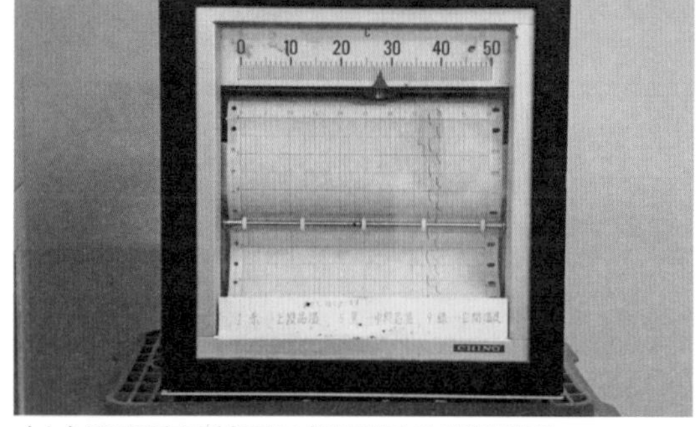

（上）酒厂里有可选择手工或以机器自动制麹的装置
（下）麹室的温度传感器

吟酿香的由来

三和酒厂以成为吟酿藏元为理想，他们坚持酿造的吟酿酒不仅要依循精米步合60%以下的规定，还必须产生应有的吟酿香气。由于精米步合低，酒槽里呈现浓稠状态，液体不会对流，再加上低温发酵，即使用水管在酒槽外侧加水冷却，酒槽中还是会有温度不均的状况。以前在酿造时不会在乎这些问题，甚至在酒槽里放入暖棹（温水桶）以加速米的发酵速度。而如今的坚持则转变为正好相反的酿造方式，是在酒槽里放入冷棹（冰水桶）降低酒槽里的温度，以为了延缓发酵速度，让酵母有充足的时间通过发酵反应，更完全地引出吟酿香气。

静冈县是全日本日照率最高的县市，冬季温度最低为-2℃左右，但是这样的情况很少，一年大约只有两三次。静冈酒的特征是清爽，即使是使用不同酵母也是一样，这跟当地气温与较干燥的气候有绝对关系，虽说酿造过程确实决定了多数酒的风格，但地方的风土也是影响酒质的重要因素。三和酒厂并不会为了配合酒屋的味道来酿造酒，如果销售商有兴趣，才会销售给他们，这也代表了对方是真的深爱酒厂的风格。因此到现在，酒厂未曾将酒主动贩卖到酒屋（酒屋的日文发音为Sakaya，指的是专门卖酒的店铺）。好喝的酒不一定销售得很好，但不好喝的酒不值得酿造。

目前市场上推出很多酒精浓度低的酒，对此铃木社长表示没有计划跟进。他认为如果让爱酒人士选择，一定会觉得酒精浓度高的酒比较好喝，因为具有旨味和深度。对于不太喝酒的人来说，则比较可以接受酒精浓度低的酒，所以一直以来，三和酒厂对于原酒酿造一直有相当的坚持。虽然酒的级别制度已经废除，但以前的酒税是以酒精浓度的不同来决定的。过去若希望让税金低一点，大部分会添加酿造酒精。铃木社长说道："现在不同的是，酒要在最美味的状态下压榨完成，完全不需要加入任何水，也就没有必要添加酿造酒精。更进一步来说，使用优质的米，经过良好精磨，再加上酿造者高超的技术，我认为真的连过滤程序也是可以省略的。"

三和酒厂的铃木社长

卧龙梅开坛十里香纯米大吟酿无过滤原酒

Garyubai Kaibinjyuuri Kaoru Junmai Daiginjo Muroka Genshu

- 精米步合 40%
- 适饮温度 冷饮
- 香气类型 花果般的香气
- 酒体 中酒体

命名来自“开坛便能传香十里”的含义，使用精米步合40%的酒米“爱山”酿造而成，味道优雅且具有深度。酒液含在口中，轻柔的吟酿香气瞬间扩散开来。

适合搭配生腐皮。生腐皮就是将豆浆加热，大豆中植物性蛋白质遇热凝固产生的薄膜。它的味道虽然清淡，但能品尝到大豆旨味自然融入舌中的独特味道。虽说这是一款喝了会让人想要搭配下酒菜的酒，却也是让人想要慢慢仔细品味其中米的深度及风味的珍贵之作。但若以味道单纯、微带咸味的生腐皮做搭配，更能品味出酒米所带来的香气与细腻酒质。

卧龙梅大吟酿45无过滤原酒

Garyubai Daiginjo 45 Muroka Genshu

- 精米步合 45%
- 适饮温度 冷饮
- 香气类型 花果般的香气
- 酒体 中酒体

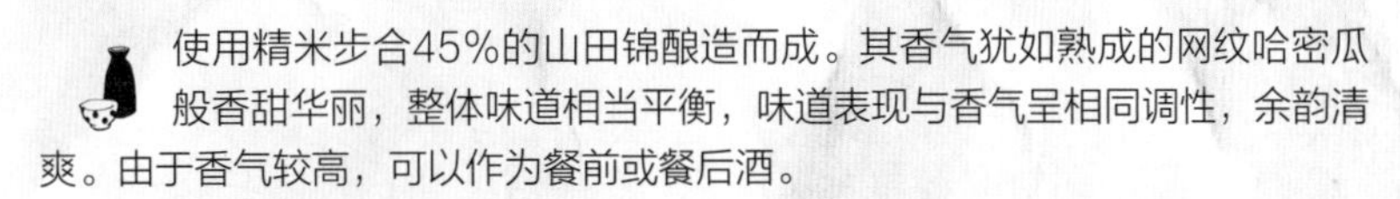

使用精米步合45%的山田锦酿造而成。其香气犹如熟成的网纹哈密瓜般香甜华丽，整体味道相当平衡，味道表现与香气呈相同调性，余韵清爽。由于香气较高，可以作为餐前或餐后酒。

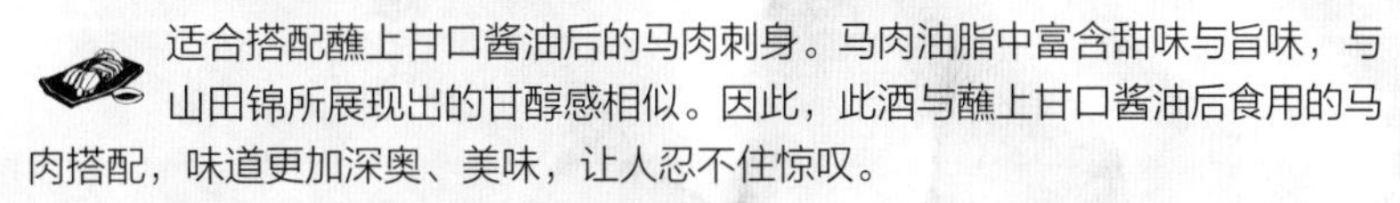

适合搭配蘸上甘口酱油后的马肉刺身。马肉油脂中富含甜味与旨味，与山田锦所展现出的甘醇感相似。因此，此酒与蘸上甘口酱油后食用的马肉搭配，味道更加深奥、美味，让人忍不住惊叹。

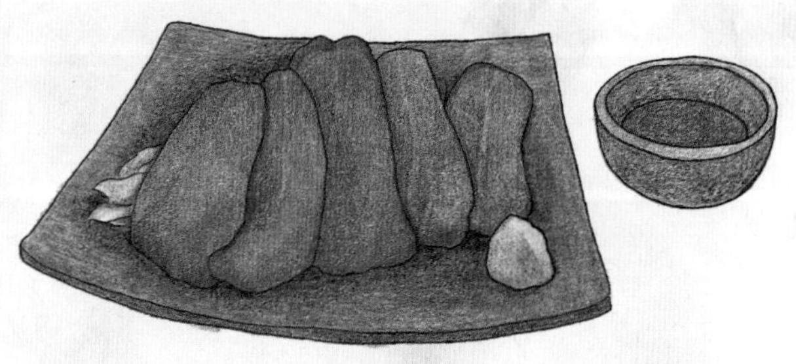

卧龙梅纯米大吟酿无过滤原酒

Garyubai Junmai Daiginjo Muroka Genshu

- 精米步合 50%
- 适饮温度 常温 温饮
- 香气类型 花果般的香气 原料香气
- 酒体 厚实

使用备前雄町精磨至50%酿造而成。它展现了酒米雄町适度的酸味与圆润米香，香气纤细，酒质华丽洁净。刚开瓶时，可以感受到雄町米强烈的口感，温过后口感变得圆润饱满，余韵在入喉处可以感受到扎实的米味道，熟成后风味更增。

搭配银鳕西京烧。将油脂丰富的银鳕，放入以白味噌、味醂及酒等酱料中腌渍，再经过小火慢烤，成为一道风味与旨味兼具的料理。同样是发酵产品的味噌与鱼腌渍后，油质与味噌相融合，展现出深沉的美味，与酒体呈现出同调性的共舞。适饮范围从常温到温饮。

卧龙梅纯米吟酿无过滤原酒（山田锦）

Garyubai Junmai Ginjo Muroka Genshu（Yamada Nishiki）

- 精米步合 55%
- 适饮温度 冷饮 常温 温饮 热饮
- 香气类型 花果般的香气
- 酒体 中酒体

使用山田锦精磨至55%进行酿造，是一款口感华丽、饱满的酒。含香芳醇是其特征之一。此款口感洁净利落，很自然地融于舌面之中。

搭配鲔鱼刺身。清水港鲔鱼的渔获量位居日本第一。红肉味道清爽，中腹油脂加上鲔鱼的香气及旨味让人食欲大增；淡淡粉红色、有脂肪的大腹，炙烧后蘸上大量的山葵更添美味。红肉刺身搭配冷酒，中腹搭配常温酒，大腹搭配常温酒或热饮。以温度的变化搭配鲔鱼各个不同的部位，享受各种品尝的乐趣。此外，它还可搭配西式白酱蛋包饭等料理。

卧龙梅纯米吟酿无过滤原酒（五百万石）

Garyubai Junmai Ginjo Muroka Genshu（Gohyakumangoku）

- 精米步合 55%
- 适饮温度 冷饮 常温
- 香气类型 花果般的香气
- 酒体 中酒体

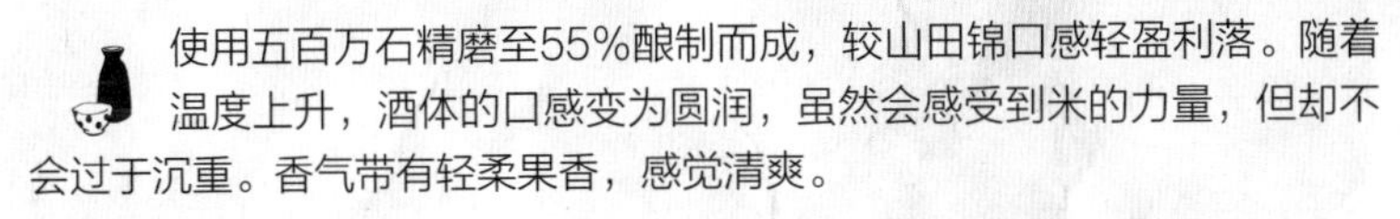

使用五百万石精磨至55%酿制而成，较山田锦口感轻盈利落。随着温度上升，酒体的口感变为圆润，虽然会感受到米的力量，但却不会过于沉重。香气带有轻柔果香，感觉清爽。

搭配鲷鱼、比目鱼及甜虾，蘸上盐食用，最能呈现出简单的美味。酒的味道在呈现清爽之余，也能感受到来自米的美味。酒液入喉后洁净利落，最适合搭配味道纤细的食材。特别是此酒可以将鱼类特有的鱼腥味彻底包覆起来，只留下旨味。因为酒本身具有米的饱满风味，因此也很适合搭配经过熟成、富含旨味的鱼类料理。甜虾柔顺浓厚的甜味余韵绵长，可与温饮搭配，让米的圆润感与其融合，更添美味。

卧龙梅纯米大吟酿山田锦

Garyubai Junmai Daiginjo Yamada Nishiki

- 精米步合 40%
- 适饮温度 冷饮
- 香气类型 花果般的香气
- 酒体 中酒体

使用山田锦精磨至40%酿制而成，散发出温和、清爽及香甜的哈密瓜香气，可以感受到优雅、沉稳的旨味，味道简洁，不拖泥带水，是非常均衡的酒款。

搭配乌贼与章鱼。若想保持酒本身的柔和香气，以及洁净、温和且饱满的味道，建议选择搭配个性不过于强烈、味道清爽简洁的料理。乌贼与章鱼的口感，简单的味道与绝妙的海潮气息，更能衬托出高雅风味酒款中的旨味表现。

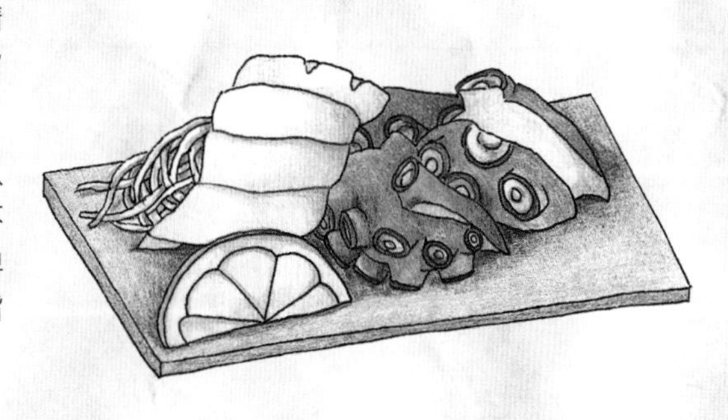

东海道 静冈县 挂川市 浓厚江户风情

挂川市位于静冈县西部，是相当发达的都市。农业是其主要产业，在牧之原市成立前，挂川市“荒茶”的（未经精制的茶）生产量位居全日本第一，同时它也是静冈县屈指可数的工业都市。挂川必尝的美食：百分之百用挂川市生产荒茶制造的挂川产挂川茶、皇冠哈密瓜（Crown Melon）、各式品种的草莓、味道相当甜美的桃太郎品种西红柿、代表性乡土料理挂川流山药汤、名产山药薯、特产茶饭与印上旧时货币十两图样的玉子烧千代御膳套餐，还有味道及口感都是最高级的石川小芋。

葛布

“葛”是自然生长于山林中的蔓草，采自蔓纤维制成的编织物称为葛布。挂川自镰仓时代承继葛的制法，江户时代因为东海道挂川宿的繁荣，进而带动葛布业的发展。

横须贺风筝

横须贺风筝造型特殊，颜色鲜艳，源自战国时代。据说当时风筝是为了测量敌人基地及作为通讯的手段，至今已有500多年历史。

挂川城御殿

御殿是作为城主住宅、公家机关及公家仪式祭典使用的地方。御殿是江户时代重现的建筑物，全日本只剩下几处，因此非常珍贵，被指定为国家重要文化遗产。

玫瑰花栽培

挂川市玫瑰年产量约为450万株，金额高达3亿2千万日币。白色系雪山玫瑰（Avalanche）及紫色系蓝色千层玫瑰（Blue mille-feuille）相当受到欢迎。

粟岳

此为赏樱名所，春季时可以在樱花树下享受赏樱乐趣。

潮骚桥

潮骚桥是自行车及步行者专用桥，也是全日本最长的吊桥，建造工法也是世界少见。

挂川祭

挂川祭保留了城下町——挂川宿的传统特色，每年10月上旬于挂川车站北侧街道进行。

土井酒厂

重用先进机器的环保酒厂

许多酒厂坚持在不依靠机械的情况下进行酿造，然而开运酒厂却选择将传统工法结合先进技术，同时顾及环保概念的酿制酒。光听名称就非常讨喜的“开运”，在前往酒厂途中，抵达目的地之前，会穿越一间间茶园与竹林园，我心中仿佛受到这些特有的景观影响，感受到都市人欠缺的安心与宁静。一抵达酒厂门口，玄关两侧的成年樱花树，正欢迎着宾客到来。一进酒厂，我立即对特有的洗米机感到震惊，似瀑布般的景象，水与米产生的摇晃声响真是令人感到雀跃，经土井社长解释后，我才了解这部洗米机可是大有来头。

领先同业的洗米机

开运酒厂的吟酿酒用米，采用这种名为“KID”的洗米机洗净，以每分钟700升的大量水流进行洗净。宛如瀑布般的洗米机和下方接收酒米的部分也因离心力的缘故激烈地左右晃动。洗米机的原理是经由米跟米摩擦的构造，利用离心力进行米的洗净作业，让杂质彻底脱落。因为水的强大力量，精米效率也会提升约1%～2%。这部洗米机是由专业人士提议并互相讨论研究所研发，洗米原理受到许多酒厂的关注，但土井社长是当时唯一一位积极希望在自家酒厂进行尝试的人。

因此在这台机械调整完全后，被命名为KID，除了含有土井社长姓名中的D字，也包含相关研发者的第一个字母：K（河村伝兵卫，Kawamura Denbei）、I（イシダテックー，Ishidatec）和D（土井酒厂，Doishyuzoujyou）。若没有彻底去除附着在米上的米糠与杂质，麹菌就无法顺利延伸到米的中心，因此洗米是一项很重要的作业。而吟酿以外的酒款，原料洗米是使用自动洗米机与浸渍机，洗米机在洗米的水槽中，配备从喷嘴加入气泡水的独特装置，再利用输送带注入水，依据时间来调整水量，这在日本很少见。

重视环保的经营风格

开运酒厂现在的杜氏是榛叶农（Shinba Minori），他跟随已故开运杜氏波濑正吉学习的时间长达10年以上（波濑正吉被誉为“能登四大天王”之一，味道浓郁甘甜是能登杜氏的酿酒特征，但是为了搭配静冈县的风土、食物及

水，因此酿造出风味清爽的酒款）。我们常听到：杜氏改变，酒的味道也会改变。味道改变对酒厂来说是很大的困扰，第四代的土井社长为了提升酒质，投资最新的设备，提升酿造者的工作效率，同时向着酿造的稳定性与令人放心的酒质而努力。因此酒厂使用导入精米机、洗米机、高质量无菌空气运送机、温度管理系统、友善环境的太阳能装置及污水排水处理等，将风险减至最低，榛叶农杜氏也发挥所学的技术，将开运的味道百分之百地呈现出来。

这里的精米机同样属于不常见的机型（新中野工业精米机NF－32寸型），优点是磨米的砂轮可用较低转速进行，让精米步合过程温度不易升高，确保米中的水分不易流失。其他像是以微生物力量将废水处理成干净水后排到河川的废水设备，以及领先其他同行开始采用太阳能板设备，这让电力生产量可以在春季供应整个酒厂的用电量，夏季则可以提供一半的电量。整体来说，开运是一家对环境非常友善的“环保酒厂”。很难想象在外观如此传统的建筑物中，有着这么多先进的设备。土井社长对于环境的重视程度，在业界算是数一数二的，令人感到相当敬佩。

在酿造酒的过程中，培育好菌与隔离坏菌一直是酒厂的一大课题。在保持环境干净的原则下，将酒厂空调系统所制造的干燥无菌空气送到酒厂的每个角落，以确保有良好的造酒环境。有人说，传统与科技会产生冲突，但是在开运，我深刻感受到土井社长的用心，也了解科技为传统产业提供了更好及更有利的工作环境。土井社长开玩笑地说：“自己很喜欢机械设备，为了酒厂，如果有好的新机械设备就会购买，不定期还会问商家是否有新的设备。”

一杯接一杯的简单美味酒质

美味的东西世界共通，理想的酒质具备舒畅、有风味的特质。社长说，所谓的好酒，就是让你不知不觉喝下了很多杯。我个人也相当认同。开运酒厂的酒质正是如此，酒质呈现洁净简

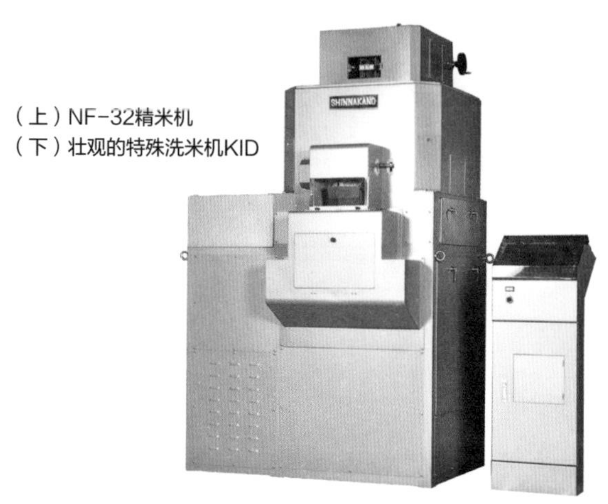

（上）NF-32精米机
（下）壮观的特殊洗米机KID

单，入口的柔顺程度，很容易让人感受到静冈水质的柔软度，不刻意张扬的旨味与洁净度，真的让人一杯接一杯。至于酒厂在蒸米及制麹等过程中使用的原料用水，是被称为“长命水”的高天神伏流水，它是被水车运送到酒厂后再行使用。虽然其他的作业用水，如大井川的井水，也非常优异，但对于原料用水，要坚持极致。酒厂坚持将高天神的伏流水运送至酒厂使用。

在酿造本流日本酒的原则之下，开运希望酿造出确实美味的酒。静冈的水质柔顺，口感温和，酒质虽然轻快，但可以感受到来自米的美味，是会令人不自觉一杯杯饮用，有存在感的日本酒。

本流日本酒

所谓的本流日本酒，酒精浓度必须在15%vol以上，可以感受到米的饱满与旨味，可以说是日本酒的本来风貌。

开运大吟酿

Kaiun Daiginjo

- 精米步合 40%
- 适饮温度 冷饮
- 香气类型 花果般的香气
- 酒体 中酒体

“开运大吟酿”是土井酒厂在日本全国出名的最初契机，它使用兵库县特A地区的特等山田锦，自家精磨至40%，是以静冈吟酿酵母通过低温发酵酿造而成的逸品，香气高雅柔顺。此款的味道在清雅细致之余，也表现出旨味的扎实魅力。

搭配静冈皇冠哈密瓜。在哈密瓜上淋上此酒，酒中米的甜度与瓜的甜度调性相同。酒的细致淡丽与内涵力道，能去除哈密瓜中多余的甜腻感。酒与哈密瓜混合后的汁液，两者契合的程度会令人想喝完最后一滴酒。

开运吟酿

Kaiun Ginjo

- 精米步合 50%
- 适饮温度 冷饮 温饮
- 香气类型 花果般的香气
- 酒体 轻酒体

香气非常细致、轻柔且清新，味道柔顺、鲜明，旨味与酸味相当均衡。口感利落，适合作为餐中酒，搭配各种不同的料理。

此酒款细致清爽，不会干扰到茶碗蒸里蛋汁和高汤的香气。温润的口感和旨味，与茶碗蒸柔顺的口感相当契合。此款酒的旨味均衡，让存在于其中的各种配料更加美味，也可搭配味道较清淡的白肉鱼刺身。

开运纯米吟酿（山田锦）

Kaiun Junmai Ginjo Yamada Nishiki

- 精米步合 50%
- 适饮温度 冷饮 常温 温饮
- 香气类型 花果般的香气
- 酒体 轻酒体

香气沉稳，富有果香，米的饱和感没有杂味，是开运商品中最典型的山田锦纯米吟酿。深奥旨味与清爽、利落的口感融合后，整体风味相当均衡。

无论是以酒或料理为主角都有很好的协调性。米饱满的旨味、利落的口感与鳗鱼的油脂旨味非常相搭，搭配炭烤过的白烧鳗鱼，食物香气更增加了酒的饱和感。另外它还可搭配盐烤鲷鱼、烤骏河军鸡或是天妇罗佐天然盐等料理。

开运纯米大吟酿

Kaiun Junmai Daiginjo

- 精米步合 40%
- 适饮温度 冷饮
- 香气类型 花果般的香气
- 酒体 轻酒体

连续2年获得静冈县新酒鉴评会纯米大吟酿类别的第一名，它采用兵库县特A地区山田锦，精米步合至40%，经过长期低温制醪，呈现出精致的香气与清爽尾韵，口感滑顺容易入喉，是清新的酒厂代表作。

搭配静冈县产的金目鲷鱼涮涮锅。冬季至春季为金目鲷鱼的盛产期，金目鲷带油质与纤细的肉质是其特色，经高汤轻涮至三分熟后，佐柚子醋食用，可享受肉质极甜的味道表现，与轻盈滑顺的纯米大吟酿搭配，口感的同调细致与旨味的互相呼应更让人着迷。

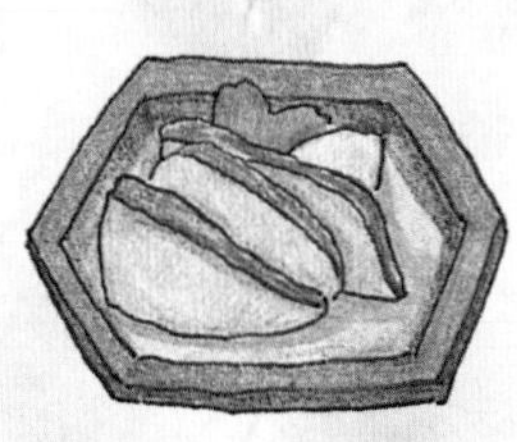

餐搭设计提供：Unagiwashokudokoroshinsen（うなぎ・和食处 新泉）/ +81-537-22-5521 / 静冈县静冈县卦川市卦川623

开运特别纯米

Kaiun Tokubetsu Junmai

- 精米步合 55%
- 适饮温度 冷饮 常温 温饮
- 香气类型 花果般的香气
- 酒体 中酒体

使用兵库县特A地区的山田锦，精米步合55%，有纯米特有的深奥感，是具有清爽轻快的酒体。柔顺口感延伸出此款的特色——恰如其分的酸味，整体非常均衡，余韵利落。

口味清爽的蒲烧鳗，可选择搭配较轻快爽口的酒款，而如果希望与鳗鱼的油脂搭配，则非此款山田锦莫属，蕴含饱满米香的酒体，被舌面自然地吸收。蒲烧鳗咸甜的酱汁，让旨味提升的同时，也表现出洁净利落的余韵，也可搭配金目鲷鱼荒煮（红烧）和焖烤牛肉等。

祝酒开运

Iwaizake Kaiun

- 精米步合 60%
- 适饮温度 冷饮 常温 温饮 热饮
- 香气类型 花果般的香气 原料香气
- 酒体 轻酒体

此款香气自然、舒适，从冷饮到热饮，享受不同温度带来的品饮乐趣。酒体轮廓明显，米味具体且丰富，这是从创业开始就有的酒款，能品尝到开运酒的美味。

鳗鱼肝自古以来就是能滋养身体与消除疲劳的高营养食材。此款酒搭配烤鳗鱼肝，酒从常温到热饮各有不同趣味。味道浓郁的咸甜酱汁，搭配能自然被舌面吸收的36℃的温度，饱满的旨味与鳗鱼肝的深奥滋味非常契合，让人不自觉慢慢品味起来，也可搭配太刀鱼（白带鱼）煮物。

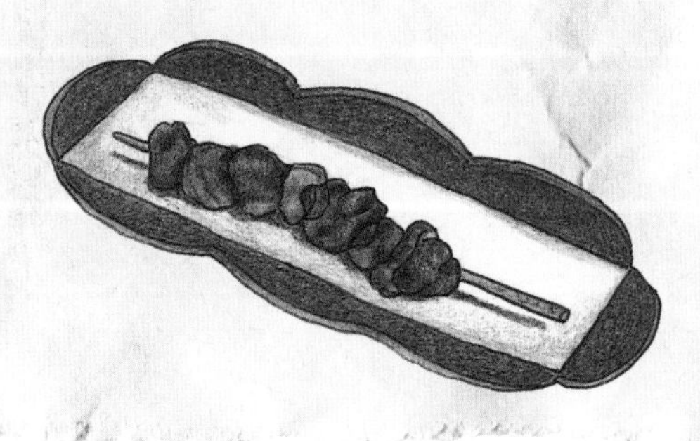

近畿地区 京都伏见 酒町古都寻美味

京都伏见是京都市南边的玄关，为一座城下町，曾是幕府末期贤能志士相当活跃的地区。作为使用清澈伏流水酿制出美酒的“酒町”，其酿造业的开始可追溯至稻作传入的弥生时代。沿着古老的酒厂，漫步在伏见的市街上，可以体验到许多只有在此地才能品尝到的美味：京野菜、豆腐、汤叶（豆皮）料理、鳢鱼（夏季海鳗的一种）、精进料理、怀石料理及盐渍鱼干等。

伏见稻荷大社

全日本约3万多家稻荷神社的总本社。每年的初诣（新春参拜）时，它是近畿地区参拜人数最多的神社，也是外国人喜爱的日本观光地点之一。

大仓纪念馆

大仓纪念馆是传递古老酿造历史的数据馆，它保留了早期酿酒的道具，可深切感受日本酒的酿造作业与历史。

御香宫神社

此地涌出香气优雅的水，这成为神社名称的由来。澄净的水质，也成为伏见地区酿造业的象征。神社中的“伏见之御香水”获选为“日本名水百选”之一。本殿正门及色彩丰富的雕刻，已被认定为日本重要文化遗产。

西岸寺（油悬地藏）

据说是京都府山崎的油商人因为在地藏菩萨像前摔倒，造成油桶损坏，油也因此外流。由于当时油是非常贵重的物资，他在失望之余就将剩余的油淋在地藏菩萨像上作为供养，之后再继续去经商。之后，他的生意却变得非常兴隆。此后，很多人会到此将油淋在地藏菩萨像上祈求愿望实现，西岸寺也逐渐成为信仰中心。

伏见稻荷大社的狐狸像

玉乃光酒厂

领先业界推出纯米酒

玉乃光诞生于1673年，是第一代中屋六左卫门在皈依纪州熊野大社时，由神官赋予的名号，有可以照耀出主神（伊邪那岐命和伊邪那美命）魂魄美酒的含义。这个名称不禁令人感受到当中深奥的趣味，且能与熊野古道中森罗万象的景象相联结。玉乃光对纯米酒的推广及贡献在业界有目共睹。从酒厂历史来看，早在1880年左右，当时第九代六左卫门开始专注于重视米质量的纯米酒。据说每天早晨，他会到两个酒工厂使用小酒杯进行试酒，为了追求极致的质量始终奋力不懈。1964年，玉乃光领先业界推出纯米酒，现在酒厂仍然致力于纯米酒普及市场的开发。

好水良米构成的温婉女酒

玉乃光位于京都伏见，这也正是以女酒闻名的御香水所在地。所谓女酒，指酒入口后呈现出柔和滑顺的服帖口感，犹如温柔婉约的女性一般。从洗米、蒸米到制醪与制醪中的用水，玉乃光都是使用来自桃山丘陵的伏流水。与当年丰臣秀吉在醍醐茶会汲取的御香水相同，桃山丘陵的伏见水现在也是日本环境省选定的“日本名水百选”之一。在原料米的部分，玉乃光使用有梦幻酒米之称的冈山县“备前雄町”、有酒米之王之称的兵库县“山田锦”以及京都生产的高级酒米“祝”等。每年一到春天，大家也会前往原料米的生产地，换上长靴，协助农家插秧。

酒米备前雄町的代表

玉乃光可以说与备前雄町米画上等号——备前雄町酒就等于玉乃光，这也是社长的经营方针。备前雄町拥有百年以上历史，属于晚生米中的古酒米品种。它的收成期在10月第2周前后，比一般米种收成期来得晚。米的颗粒较大，稻秆也偏高，约150厘米。由于较难种植，稻秆较高，容易倒塌，因此年产量也相对稀少。相较于山田锦，雄町的香气较为清淡，但味道的表现较

（左）完全糖化后的麴米
（右）细心解说酒厂特色的酿造部长辻本健先生

直接，可以酿造出味道深奥的酒质，因此雄町也被视为是日本唯一没有被混血的酒米品种。玉乃光在原料控管上相当细腻，将来自不同农家的米分别管理，并进行分析化验。即使是同样米种，依据生产者不同，质量也会产生差异。之后他们再依据分析结果进行精米、洗米、蒸米及制麴等作业，进行最适当的调整。

在传统中与时俱进

玉乃光酿造人员的架构相当少见。酿造期间，在酒厂里从事有关酿造的相关人员称为“藏人”，藏人中的领导称为“杜氏”。如同葡萄酒庄里的酿酒师，酒厂人员呈现一种金字塔型的工作组织架构。但是玉乃光在酿造期间，却以森本杜氏为首，季节藏人有5位（其中3位为但马杜氏，2位为能登杜氏），他们再与11位公司社员一同进行酿造作业。有别于过去以杜氏为麴室或制醪的负责人，这里由社员负责，在充分相互沟通与共同酿造的精神下，大家团结一体，发挥团队力量进行酿造工程。社员主导、藏人们协助，这是一种新的人力架构。由于受到高龄化的影响，藏人越来越少，若是能由社员担负起整个酿造作业，未来即使藏人减少，酿造出的酒质也能较为稳定。

玉乃光的商品，大多属于香气较为清雅的酒款，重视与料理搭配时的表现。多款商品在入口的瞬间，明显感受到酒质的柔软与甘甜，反映出御香水的名水魅力。原料米为备前雄町的酒款带出不同层次的旨味，即使是个性强烈的酒米，也在御香水的包覆下，产生温润的口感。而以京都代表酒米“祝”为原料酿制的酒款，口感滑顺，酒体轻快，散发出淡淡的米的甘甜，呈现宛如京都的优雅风情，令人着迷。玉乃光在日本酿造业界是推广纯米酒的先驱。先辈为了传递纯米酒的美味，抱持有无获利都无所谓的心情奋力推广，事隔半世纪，他们仍然坚持最初的理念。如同玉乃光的丸山社长常说：“时代会改变，但是有些事物不会改变。”这充分说明了酒厂不变的理念与精神。

主角还是配角？

日本酒有趣之处，在于一款酒给一百个人品饮，会有一百个不同的答案与意见，并且没有对与错。我在参访了许多酒厂后发现，他们的谦卑态度令人惊艳。在国外，我们多数以酒为主、料理为辅，两者搭不搭好像不太重要。但经过这次，我深刻地体验到酒厂们几乎都渴望自家商品能辅佐料理，并以此作为酿造理念，让人与人、食与文化，经由酒的联结后更加愉悦。建议大家下次用餐时，不妨试着以餐搭或区域文化的角度去体验更多日本酒的潜在可能性，相信美味的不只是餐与酒，还有更多美好的回忆。

纯米大吟酿播州久米产山田锦35%

Junmai Daiginjo Banshukumesan Yamada Nishiki 35%

- 精米步合 35%
- 适饮温度 冷饮
- 香气类型 花果般的香气
- 酒体 轻酒体

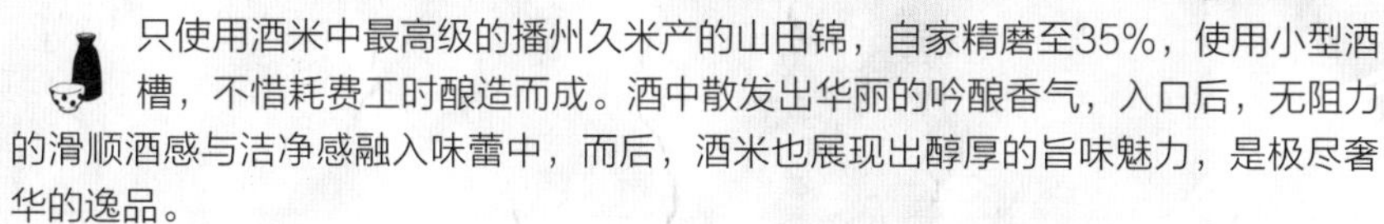

只使用酒米中最高级的播州久米产的山田锦，自家精磨至35%，使用小型酒槽，不惜耗费工时酿造而成。酒中散发出华丽的吟酿香气，入口后，无阻力的滑顺酒感与洁净感融入味蕾中，而后，酒米也展现出醇厚的旨味魅力，是极尽奢华的逸品。

为了让特上山田锦充分展现潜力，食材搭配可选择原本就很有趣的八寸（日式前菜组合），从简单到多层次变化的料理法都能产生美味的响应。华丽细致的酒香，搭配风味坦率的鲷鱼，非常有趣。若搭配酱烤山椒竹笋，酒米的优质温润能将春笋的苦涩味温柔地包覆起来。此款能与多样化的食材相互辅佐正是这款酒的独特魅力。其他可搭配西式生鱼片（Carpaccio）、山菜浸物或天妇罗等。

纯米大吟酿备前雄町100%

Junmai Daiginjo Bizen Omachi 100%

- 精米步合 50%
- 适饮温度 冷饮 温饮
- 香气类型 花果般的香气 原料香气
- 酒体 厚实

百分之百使用雄町米，并将其精磨至50%，是酒厂具代表性的纯米大吟酿。雄町特有的沉稳吟酿香气中飘逸出自然轻柔的果香，感觉非常舒畅。自然的酸味与米的旨味非常协调，饱和的酒体口感虽然轻快，但味道具有深度感，此款也是新加坡航空提供给商务舱及头等舱的酒款。从冷酒到温酒都很推荐。

适合搭配综合生鱼片、富含旨味的鲷鱼、油脂优质的鲔鱼、甜度伴随咀嚼频率慢慢出现的明虾，还有汆烫竹笋等。以此酒搭餐完全不受干扰，甚至能感受到不同食材在口中与酒的酸味及旨味相遇后产生的不同表现，属于绝对的相乘效果。

纯米吟酿霙酒

Junmai Ginjo Mizore Sake

- 精米步合 60%
- 适饮温度 冻饮 冷饮
- 香气类型 原料香气
- 酒体 轻酒体

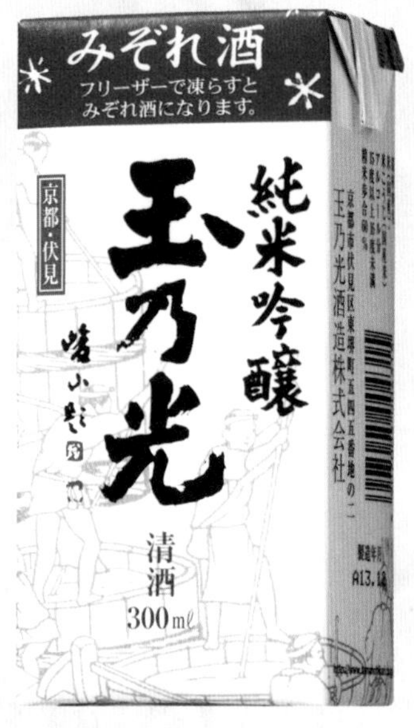

最适合闷热夏季饮用的“霙酒”（みぞれ酒）。饮用前先在冷冻库放置10小时，并将酒杯加以冰镇。酒一接触到酒杯，瞬间呈现细致雪花的状态。可以将酒与当季水果或是果汁混合饮用，就像鸡尾酒一样。这款是希望日本酒能对应不同场合的新方案，让平常不太接触日本酒的人也能有近距离的接触。酒进入口中后，瞬间融化，感觉非常凉爽。

如雪花状态的酒，带来清凉感与冰沙的口感，与水果非常搭配。搭配酸味强烈的水果，可以享受清爽、利落的感觉；搭配甜味感较强的水果，在享受甜味之余，也会带来利落感，让口中清爽舒畅，特别适合搭配甜味浓郁的罐装或是瓶装水果。

纯米吟酿传承山废

Junmai Ginjo Densho Yamahai

- 精米步合 60%
- 适饮温度 温饮 热饮
- 香气类型 原料香气
- 酒体 厚实

承袭古法，酒母制成时间为30小时，是一般酒款的一倍以上。此酒的口感非常细致，可以感受到山废酿造特有酸奶的酸味，入喉后干净利落。从温饮到热饮，口感变得更加温润、复杂，酸味更加柔顺，酒的复杂旨味也更加深奥，口感会更柔顺，带给饮用者心情舒畅、放松的感觉。

冷酒搭配鳖与松露的茶碗蒸，可同时品尝这款酒原有的酸味。黑松露的香气余韵绵长，与酒的酸味相成，从而变为旨味，且产生利落感，更加促进食欲。温酒搭配烧烤山椒鸭肉，旨味明显的鸭肉油脂与温酒相遇后，带来温润的酸味与丰厚复杂的味道。鸭肉经过适度地咀嚼，旨味更加延展，让人不自觉想多喝几口酒。在这之后鸭肉的油脂感会渐渐消失，旨味提升，两者是绝佳的组合。其他也可搭配肉类料理、酱风串烧等。

纯米吟酿祝100%

Junmai Ginjo Iwai 100%

- 精米步合 60%
- 适饮温度 冷饮 常温
- 香气类型 花果般的香气
- 酒体 中酒体

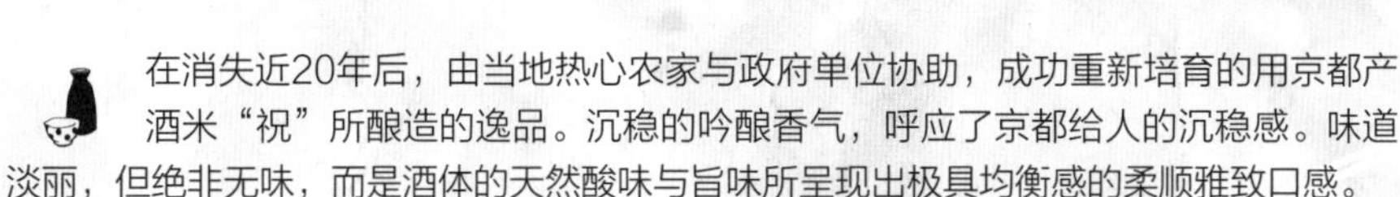

在消失近20年后，由当地热心农家与政府单位协助，成功重新培育的用京都产酒米“祝”所酿造的逸品。沉稳的吟酿香气，呼应了京都给人的沉稳感。味道淡丽，但绝非无味，而是酒体的天然酸味与旨味所呈现出极具均衡感的柔顺雅致口感。

搭配笋、鲍鱼与海带芽涮涮锅。温热细致的高汤和鲍鱼的海水味道，与酸味自然的这款酒非常相配。若是搭配个性过于鲜明的酒款，很难品尝出高汤的香气和鲍鱼昆布的美味。这款酒口感淡丽，但是温和顺口，余韵利落，确实可以品尝出料理与食材的美味。其他可搭配贝类、奶油奶酪或西式料理等。

纯米吟酿特撰辛口

Junmai Ginjo Tokusen Karakuchi

- 精米步合 60%
- 适饮温度 冷饮 常温 温饮
- 香气类型 花果般的香气 原料香气
- 酒体 轻酒体

集结玉乃光的酿酒技术，酿制出具有吟酿高雅风味的上等辛口酒。入口时富有存在感的辛口滋味逐渐扩散，和天然的酸味融合为爽快的口感，余韵带出优雅的米香。这是一款冬天可温热饮用、夏天可冷饮，十分具深度的佳酒。

酒体的洁净感与具有锐利的尾韵，适合搭配油脂丰富的红肉鱼生鱼片、天妇罗及寿司等。软水所带出的柔雅酒体能与食材本身的旨味融合，锐利豪爽的干型口感也能给予口腔适度的洗涤作用。另外它也可以搭配京都家常的盆菜或是生汤叶（生腐皮）等料理。

餐搭设计提供：鱼三楼（Uosaburou）/ +81-50-5868-4950 / 京都府京都市伏见区京町 3丁目187

近畿地区 奈良县 日本的世界遗产之乡

奈良县被联合国教科文组织列入世界遗产的纪录居全日本第一，有很多地方值得造访。酒厂所在的葛城市位于奈良县的中西部，紧邻大阪府，属于农村地带。当地的二轮菊产量居全日本第一。奈良的特色美食为：飞鸟红宝石品种草莓、大和茶、手工拉长素面、奈良渍、乡土料理柿叶寿司等，以及非常亲民的大众料理茶粥（ちゃがゆ）与高菜叶寿司（めはり寿司）。

墨、笔

全日本95%的墨来自奈良县。

茶道中不可或缺的“茶刷”

高山位于生驹市的最北部，是茶刷的发源地。高山地区的茶刷生产量占全日本的90%，有“茶刷故乡”之称。

法隆寺

法隆寺位于奈良县西北部的生驹郡斑鸠町，是圣德宗的总本山，又称斑鸠寺，是世界现存最古老的木造结构建筑。1993年它被列为联合国教科文组织之世界文化遗产。

奈良公园

奈良公园包括春日山、若草山、兴福寺、东大寺及春日大社等，常常可以看到游客用鹿仙贝喂食鹿的景象。

兴福寺国宝馆

天平样式建筑，馆内收集了从奈良到江户各个时代的佛像及绘画，向人们传递了1300多年来的历史与传统，其中大部分是日本国宝或是日本本国重要文化遗产。

平城宫古迹

公元710年后成为首都的平城宫，曾经是日本的政治、经济及文化中心，至今还留有过去繁华的景象。

谷濑吊桥

谷濑吊桥是日本屈指可数的铁桥，在1954年由当地居民出资兴建，也是日本最长的吊桥。

茶刷（茶筅）

梅乃宿酒厂

传统与革新并进

梅乃宿创立于1893年，之前以酿造烧酎及味醂为主。继承人从本家继承酿酒事业后，开始酿造日本酒。据说在酒厂的腹地里，有一颗树龄300多年的白梅树，附近的黄莺喜欢飞到树上栖息。因为拥有黄莺栖息之梅树，所以当时的人们将酒厂命名为梅乃宿。2013年，酒厂创立满120年，由长女吉田佳代承继，她成为“梅乃宿”的第五代。她以“创造出新日本酒文化”为主题，期许在维护传统的原则下，梅乃宿能继续酿造出感动人心的日本酒。

多元化的产品发展

在奈良地区，梅乃宿是少数完全自社精米的酒厂之一。看着永远都是满格的精米行程表，就能感受到人气的背后所要付出的心力。这里的酿造期属于较长的7个月，目前酒厂可供酿造的酿造槽共有96个，以2天酿造1个酒槽的速度进行。酒厂希望未来能在确保质量的情况下，在冬季的酿造期里将部分的日本酒，以1天酿造1个酒槽的速度增加生产量，为了达成这个目标，酒

笑容灿烂且行动力强的吉田社长

厂正处于摸索时期。由于完全使用自社精米会产生大量的米糠，为了让米糠可以再利用，米糠会被送到米油生产公司进行再利用。米糠中含有纯净的油脂，可以萃取出米糠油，因为米糠营养成分高，也可以用来腌制渍物，还可以运用在医药上，例如与汉方药草配合制成药品。

梅乃宿除了生产日本酒，同时也生产许多不同风味的利口酒，它们是相当具有人气的品种，年产量高达3000石。日本酒与利口酒保存在不同的地点，保存温度设定依据味道的熟成状况进行调整。目前酒厂有4个不同温度设定的保存室。酒厂的开发部门扮演新商品的开发与现有商品味道维护的重要角色，是酒厂中不可或缺的重要团队。开发部门成立于4年前，酒厂的吉田社长提道：因为前几代社长的远见，已为酒厂未来的发展做好各种准备。酒厂中的酿酒槽，放置在大型冷藏库中，等于大家是在一间大冷藏库里工作，这是其他酒厂相当少见的，优点在于进行熟成需较长的时间，这样的装置相当有利于温度上的控管。

以“酒的传道者”为期许

每个人的体温不同，洗米方式也有差异，洗米状态、温度及安定度不佳，也会影响到米的质量。为了让米的质量安定，酒厂使用的洗米机能以细微的泡沫进行轻柔的洗净作业。在蒸米的作业上，一般的酒厂通常为了隔天作业方便，前一天就把洗好的米放入被称为“甑”的蒸米釜锅中，但是这样做会使得在蒸米作业开始进行后，发生受热不均的情况。为了避免发生这样的情

代表传统与革新的山香、风香系列

吉田社长

吉田社长展现出许多女性的细腻特质让我感到钦佩。虽然都是一些小事，但我相信能确切执行的人并不多，这也让我回想起在进修实习料理时，恩师与前辈所叮咛我对客人应有的负责态度——不是菜有多好吃，而是对干净的基本要求。

况，酒厂采用“抽气，入米”（抜け挂け）的方式，指在空甑时先让蒸汽运作，视蒸汽的强弱情况，将米分批放入甑中。如此作业方式需要耗费大量的时间，但也由于米的受热均匀，可以获得质量良好的蒸米。进行少量酿制时，会先在甑中放入假米粒，再放入生米，主要是为了避免高温的蒸汽对少量米造成的热害。每次将米放入甑时，透白的烟袅袅升起，形成一个富有神秘感的景象。另外，酒厂利用空气推力输送管运送米，同时为了确保空气的洁净，在空气出口处设置其他酒厂少见的空气净化装置。

酿造过程中会使用许多的棉布，社长除了坚持用完后马上清洗外，还会再利用机器确保棉布完全烘干后才供下次使用。米粒散热机内的输送网空隙相当容易卡米，必须通过人工把米一粒粒取出，并且彻底清扫，才能保持干净。清洗后再多一层干燥的要求也的确落实了“干”、“净”的基本原则。

吉田社长从各种不同的观点，认真思考10年后酒厂应有的姿态。社长认为，守护传统很重要，但是配合时代潮流来酿造酒也相当重要。在梅乃宿里，无论藏人还是员工，都扮演“酒的传道者”的角色，并谨记这样的信念。酒厂也给予年轻藏人相当大的发展空间，在没有杜氏的介入指导下，他们有机会可以挑战酿造心目中美味的日本酒。

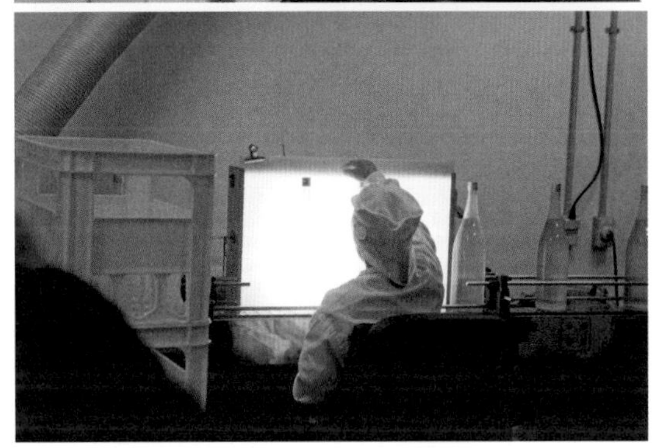

（上）负责制麹的女性麹师在业界也是相当罕见
（下）出瓶前严格把关

为了纪念开业120周年，酒厂以传统与革新作为主题，开发出山香与风香两个系列酒款。山香是传统的味道，这个系列的特征在于熟成，展现调和酒具备的优点以及职人的技术。山香长期以来始终是守护梅乃宿传统味道的日本酒。风香则是革新的味道，这个新的构想，是希望一整年都可以喝到犹如刚压榨后的新鲜味道。这款酒经过压榨后立即装瓶，储藏在-8℃的温度中熟成，可品尝到如同新酒般的香气与余韵洁净的美味，同时这也表现出了创新与崭新的日本酒文化。

酒厂杜氏北场先生（属南部杜氏）

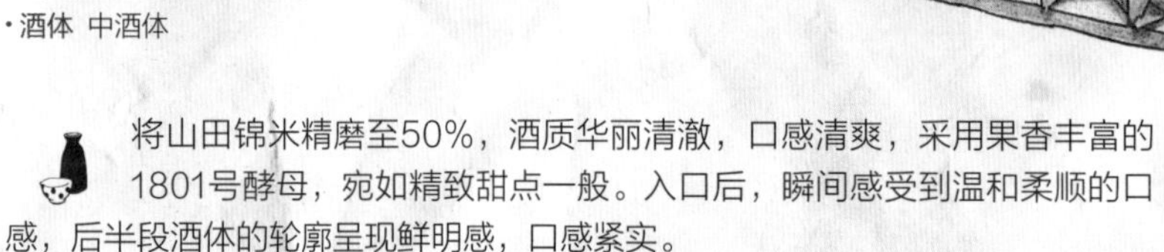

风香纯米大吟酿

Fuka Junmai Daiginjo

- 精米步合 50%
- 适饮温度 冷饮
- 香气类型 花果般的香气
- 酒体 中酒体

将山田锦米精磨至50%，酒质华丽清澈，口感清爽，采用果香丰富的1801号酵母，宛如精致甜点一般。入口后，瞬间感受到温和柔顺的口感，后半段酒体的轮廓呈现鲜明感，口感紧实。

在开始用餐的时候，香气华丽的日本酒，搭配味道清淡的章鱼或是竹笋等料理，除了增添香气的表现，清雅的酒体能辅佐食材的口感，并带出季节食材特有的淡雅旨味。醋饭米的甜味和轻柔的酸味与酒中米的甜味和酸味，有着绝妙的协调。由于此款尾韵洁净利落，适合用来搭配多道前菜。个性鲜明的鲭鱼，腥味被酒体完整包覆起来，只剩下丰富的旨味，口感更为圆润，酒食相互调和，口中产生意外的清爽感。

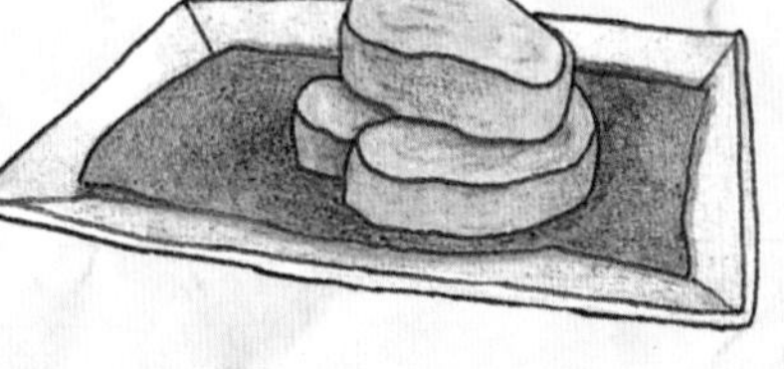

风香纯米吟酿

Fuka Junmai Ginjo

- 精米步合 60%
- 适饮温度 冷饮
- 香气类型 花果般的香气
- 酒体 中酒体

百分之百使用备前雄町米，精米步合60%，并使用901号酵母，香气清新带有果香，非常顺口。酒体则表现出备前雄町具有的干型口感，余韵芳醇。酒的温度上升后，复杂的旨味随之扩散，适合搭配各种不同的料理及食材。

高汤玉子烧与此款酒同样具有柔顺优雅的风味。两者相遇，首先呈现酒的华丽香气，之后高汤的美味接踵而来。当蛋黄的丰郁感在口中延展时，酒深奥的口感更突显玉子烧的美味。天妇罗属于油炸类料理，食用后口中通常会变得油腻，但是备前雄町的酸味与辛口口感巧妙地去除口中残存的油脂。

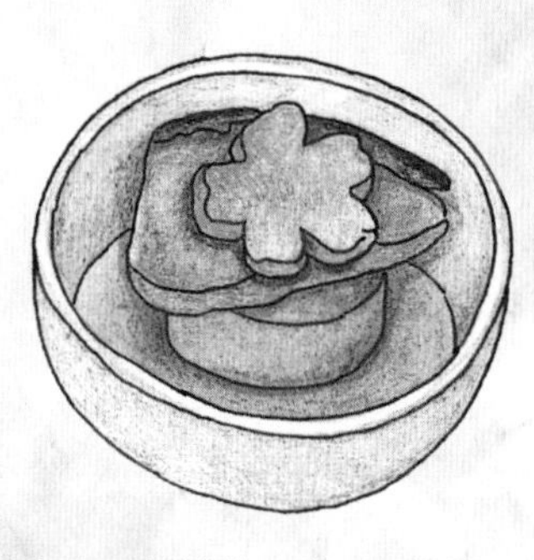

风香纯米

Fuka Junmai

- 精米步合 65%
- 适饮温度 冷饮 常温 温饮
- 香气类型 原料香气
- 酒体 中酒体

百分之百使用酒米山田锦，精米步合65%，魅力在于新鲜的口感。稻米的香甜与微辛口感直率地滑过舌尖，口感清爽，容易亲近。

搭配炖煮鰤鱼白萝卜，鰤鱼的油脂经过炖煮后，甘甜酱汁渗透入到白萝卜中，与此款酒本身的新鲜辛口感及米的甜味相遇后，会产生满满的幸福感。鰤鱼油脂圆润美味，搭配此酒明显感觉到油与料理较劲的活力，料理不仅不油腻，反而令人耳目一新。其他可搭配牡蛎土手锅、秋刀鱼料理及粕渍烧等。

山香纯米大吟酿

Sanka Junmai Daiginjo

- 精米步合 40%
- 适饮温度 冷饮 常温
- 香气类型 原料香气
- 酒体 厚实

百分之百使用酒米备前雄町米，精米步合40%，是梅乃宿相当有自信的酒款。备前雄町就是梅乃宿的传统酒米。酒的米香柔顺安定，可以充分品尝到酒体的力道与米的膨胀感。

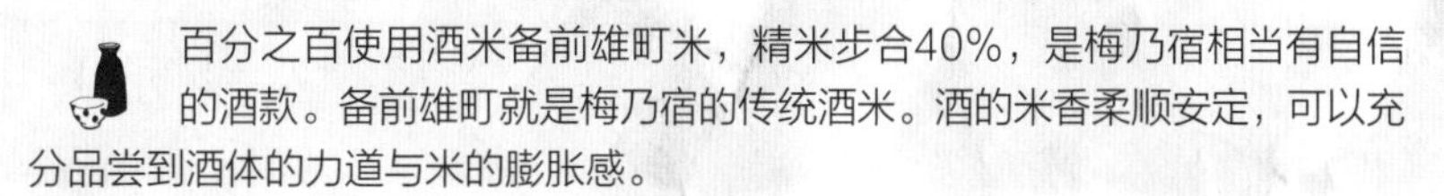

昆布腌鲷鱼（鯛の昆布締め）用腌渍的料理法让鲷鱼充分吸收昆布的丰富矿物质及谷氨酸的美味，这与备前雄町的酸味和米的膨胀感是绝佳的搭配。［注：昆布缔（めKonbushime）指的是先将盐巴撒在新鲜的鱼肉上，将鱼肉多余的水分释出，再以昆布将鱼肉包紧，经过一夜的腌渍，昆布的天然美味会被鱼肉吸收。］

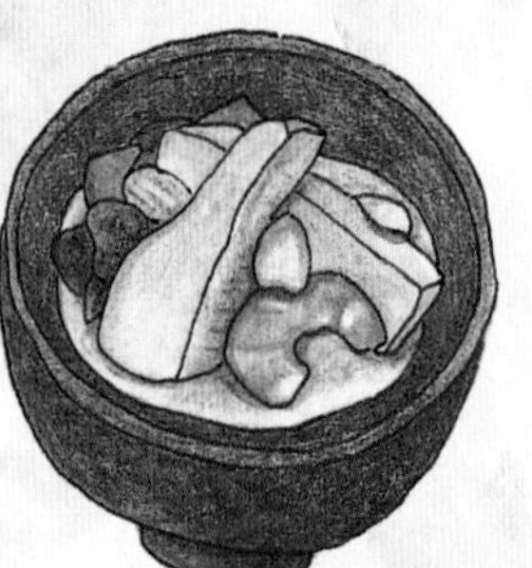

山香纯米吟酿

Sanka Junmai Ginjo

- 精米步合 60%
- 适饮温度 冷饮 常温 温饮
- 香气类型 原料香气
- 酒体 中酒体

使用山田锦米与曙米，精米步合60%。香气高雅沉稳，带有酸、甜、苦、涩、辛的多元表现，酒体的稳健平衡感带出不腻口的特性。其魅力在于它与各种料理都可以搭配。饮用温度从冷饮到温饮都非常推荐。

适合搭配季节性的纤细食材。此款酒所呈现出的苦涩味，与春季竹笋具有的土涩味互相中和，产生的反而是食材与酒的旨味表现，令人感到相当平静和谐。温饮也别有一番风味。其他可搭配鲷鱼茶泡饭、胡麻豆腐凉拌野菜及酒蒸蛤蛎等。

山香本酿造

Sanka Honjozo

- 精米步合 65%
- 适饮温度 常温 温饮 热饮
- 香气类型 原料香气
- 酒体 轻酒体

使用酒米“山田锦”与米种“曙”，酒质展现出亲和感的魅力，犹如家人般的存在，据说这款也是藏人们晚餐小酌时喜欢饮用的酒款。温和香气与适当的旨味，喝起来不会有负担，是梅乃宿的招牌酒款。从常温到温饮都非常推荐。

盐麹牛肉，重点在于盐麹中的盐味，呈现出与日本酒同为发酵食品的自然美味表现。无论是脂肪较多的肉，或是味道清淡的白肉鱼，使用盐麹都可以更加引出食材的美味。盐麹牛肉与此酒在口中柔和、服帖的表现，展现出并不冲突的搭配。建议常温或是温热，口感更为柔顺。其他可搭配寿喜烧、味噌烧或锅类料理。

餐搭设计提供：橿原皇都酒店-和食Mahoroba / +81-744-28-1511 / 奈良县橿原市久米町652-2 橿原皇都酒店B1

九州岛北部

山口县 享受温泉美食

©山口县图片素材集

山口县位于本州岛的最西边，拥有长达1500千米的海岸线，也是温泉胜地，因为三面环海，可品尝到河豚等美味海鲜。当地闻名美食：各种河豚料理、当地必吃No.1的瓦片荞麦面、乡土料理周防大岛的蜜柑火锅、高森牛等料理，以及适合搭配啤酒的鱼肉可乐饼、夏季的蜜柑，还有当地最高级的土鸡——长州黑鸡肉。

下关的严流岛

严流岛是一座无人岛，正式名称为船岛，因宫本武藏与佐佐木小次郎在此决斗而闻名。

川棚温泉、汤浴温泉等

山谷静谧的温泉，或眺望海洋、品尝美味料理，或享受足汤乐趣，或充满怀旧风，或感受绝佳疗效……根据水质及地区的不同，这里的温泉各有特色，总数超过50个。

观光洞穴

日本最大的石灰岩地形，包括秋吉台、秋芳洞及景清洞。

萩城遗址及城下町

萩城别名为指月城，已被指定为古迹。

琉璃光寺五重塔

琉璃光寺五重塔是位于山口县香山町曹洞宗的寺院。它以日本国宝五重塔为中心，寺院内又称为香山公园，是赏樱及赏梅的名所。

萩烧（陶器）

萩烧以陶器茶具闻名，特别是在长门市烧制的“萩烧”被称为“深川萩”。

泽维尔（Xavier）纪念教堂

天主教广岛教区的教堂。

唐户市场

有“关门海峡厨房”之称，贩卖包括河豚、鲷鱼及鰤鱼等新鲜渔获，也有农产品直营店。此地可以更深入了解当地民众的饮食生活。

宇部祭©山口县产业振兴部

永山本家酒厂

独特硬水及风土条件下的佐餐酒

永山本家的母屋为西式风格建筑，从1888年起，它成为保线村的村办公室。永山本家的酒，酿造用水是日本酒厂中较为少见的中硬水，即是用宇部市的经由石灰岩地形的秋吉台所涌出的霜降山天然水。因为水中含有较多的矿物质，因此酿造出的酒质口味具体，具有轮廓感及爽洁的酒质，相当适合作为餐中酒饮用。永山贵博社长也是偏好这样的水质，他很庆幸自家酿造用水能有如此的特性。身为美食爱好者的他，曾受国外教育洗礼及葡萄酒文化的影响，正悄悄地在日本酒文化里，开拓出被认为是近年来最受到瞩目的佐餐“Fine Sake”（优质日本酒）。许多人形容永山的酒质就像是日本酒版的普里尼蒙哈谢（Pulingy Montrachet）与夏布利（Chablis）般的个性。

永山社长用“水的Terroir（风土）”来形容自家的酿造用水。Terroir是由法文中terre（土地）这个字延伸而来，最早用来描述葡萄酒品种生长环境的地理、地势及气候等特征。相同地区的农地因为土壤、气候、地形及农业技术等条件相同，产出的作物具有相同个性。举例来说，静冈县的水质因钙含量少，会感觉酒质呈现洁净柔软的口感。具有地方风格的当地风味正是永山本家希望能传达的信念。因此，以永山贵博

位于酒厂前的厚东川，水质与酒厂用水是相同的中硬水，也是自家栽培米的灌溉用水

社长名字中的“贵”字所设计出的系列酒款，正是以地方区域特质为目标而开发的酒款。希望大家对日本酒的认识，能够与同为酿造类的葡萄酒一样。正因日本酒是属于高价、纤细的饮品，更需要侍酒师的协助来传达酒文化与品饮特质。

亲自栽培酿造酒稻米

以前大部分酒厂使用的酒米，都是请农家进行栽培。制造原料是非常重要的事，因此酒厂会要求农家依照自己想要酿造的酒，进行酒米的栽培。但是米的栽培与酒的酿造，是完全不同的领域，双方很难达成共识。最好的解决方式，就是酿造者学习有关稻米栽培的知识，充分了解农家的困难点，一起找出解决方法。唯有通过双方的相互理解，对话才能真正开始。另外，酒厂本身通过稻米栽培，更加认识了原料米，也理解到农家与酒厂是属于密不可分的命运共同体。永山本家自家栽培山田锦米，今年已迈入第14年。自己栽培酒米的好处，是了解米和天气的状况，遇到问题可以尽早调整，想出应对的方法。

永山社长拥有相当多跟米有关的经验及知识，每年都会巨细靡遗地记录下气候及稻米的状况来进行研究，再根据汇集的资料，思考这个地区或是酒厂最适合什么样的条件。例如：根据研究资料，山田锦需要日间暖和、夜间寒冷的生长环境。酒厂所处的地区自9月上旬到10月收成结束，气温若维持在20℃~23℃左右，可收成到质量良好的米。若温度超过25℃，米会因为高温变硬，一般认为这是与稻米弹性有关的支链淀粉（Amylopectin）变硬所造成。

根据米在发酵过程时的融化状况资料，例如：在2007年—2013年的资料中，2007年酒粕的比率是52.7%，米有一半以上成为酒粕（在发酵过程中没有融化的米），因此酿造出的酒偏辛口，并不美味。而2010年酒粕的比率是40.3%，因而酿造出酒质洁净的风格。当然依据不同地区条件或是酿造方式的不同，结果也不同。但这告诉我们在相同酿造法的条件下，酒质也会因为原料的状况与气候的影响而有不同的味道表现。

自家山田锦秧苗

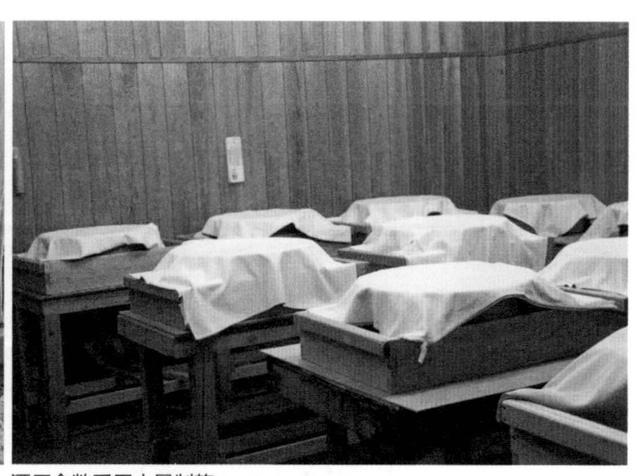
酒厂全数采用小量制麹

“贵”的风土哲学

日本酒的酿造技术极为复杂，而现在正属于日本酒界世代交替的重要阶段，在维护传统的同时，如何注入符合这个时代的商品概念，是现今大多酒厂所面临的课题。传统的调和技术可称为是日本酒的工艺表现，依据不同年份的酒质调配出稳定且相同的美味表现，这是大多日本酒消费者所期盼的商品性质。但在众多商品之中，近年来也慢慢出现以自然的味道呈现出该酿造年的风格酒款，所谓的自然指的是没有经调和过程的酒款。这似乎有着接近我们印象中的葡萄酒酿造概念，在酒厂风格相同的前提之下，能品味出该年度的风土个性。或许在不久的未来，能道出某年的酿造年度为好的年份等话语，也会出现在爱好日本酒的你我之间。而永山正是积极朝向自然酿造的代表之一。

酒厂前的自家栽培米农地

“Think globally, act locally.”（全球化思考，本土化执行）是永山的哲学。为了使麹菌更加安定，永山全数使用小的麹箱制麹，以方便作细腻地调整。负责制麹的人，要仔细观察麹的变化，从熟米经过糖化后成为麹米的过程都需相当小心。为了符合市场需求，一家酒厂会酿造出多款的酒，然而永山思考的是，如何将具有自家风格的商品介绍给消费者，并获得消费者的喜爱。若是酒厂使用相同的酵母、水及米等原料，只要改变酿造方式，就能创造出以相同个性为出发点的各类商品，表现出象征自家酒厂特色及当地风土的特征，这正是永山社长精心创造出的风土（Terroir）。

永山的商品基本上都属于瓶贮藏熟成法，采用一次低温加热杀菌后装入瓶内，在温度控管的冷藏库内待其熟成。采用一次火入（低温加热杀菌的酿造工程专有名词）与两次火入的最大差异就在于新鲜感的表现方式与酵素所呈现出的美味感，两者各有特色。简单来说，就如同寿司店的海鲜般，由水槽内现宰的活鱼寿司呈现出的是新鲜的脆感与清爽的表现，而同款鱼经过放血后在适当的温度待其熟成，所呈现出的是食材本身的柔软与甜味表现。永山希望自家商品呈现出极致的配角角色——在佐餐时不仅能衬托出主角食物的特色，更能作为在单饮时也能独当一面的内涵酒款。

精米步合

谈到对精米步合的看法，永山社长认为低精米步合的酒款固然美味，但大多的酒款都需要经过半年，甚至2年以上的熟成后味道才能够如此的圆润。也因此永山本家除了注重标示上的出瓶日，更应该重视酿造的年份，让消费者能更加了解到日本酒的酿造价值。至于精米步合高的商品也有其魅力所在，就好比近年来受到瞩目的全麦面包般，能品味出最原始的谷物美味，体会健康的概念。高精米步合的酒款商品亦是如此。

第五代社长永山贵博先生

贵 浓醇辛口纯米酒

Taka Noujun Karakuchi Junmai-shu

- 精米步合 80%
- 适饮温度 冷饮 常温 温饮
- 香气类型 原料香气
- 酒体 中酒体

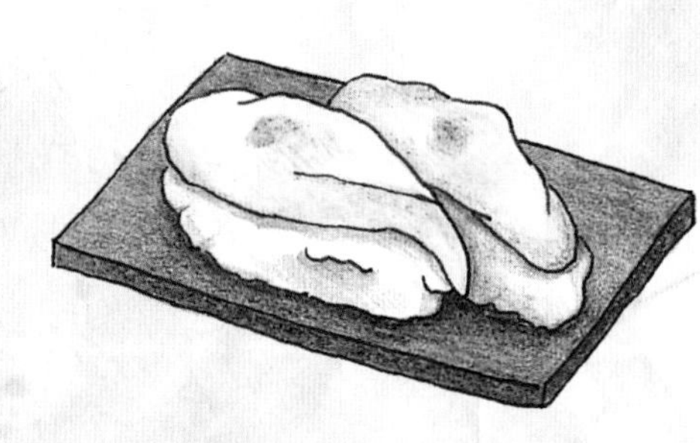

重视米的旨味，口感利落的辛口酒款。口感在轻快之中能感受到扎实的味道。香气似麻糬般的柔和甜香，是一款冷饮能大口喝出豪迈感的干型口感，并且温饮能品味出柔和的酒款。

搭配河豚寿司。河豚以微带厚度的切法呈现，因为河豚肉具有嚼劲，咀嚼后，与醋饭一起呈现出美味和甜味。此酒能延续口中甜味的表现，完全展现出辅佐料理的特质。另外它还可搭配河豚唐扬（油炸河豚），油与米的芳醇也是非常协调，因此也适合搭配中华料理。

贵 特别纯米60

Taka Tokubetsu Junmai

- 精米步合 60%
- 适饮温度 冷饮 常温 温饮
- 香气类型 花果般的香气 原料香气
- 酒体 轻酒体

柔和的草本香气中能感受到澄净的优雅香气。其味道属于轮廓鲜明的淡丽辛口，酸味适中，呈现出锐利的余韵感。温饮能感受到米的温和旨味。

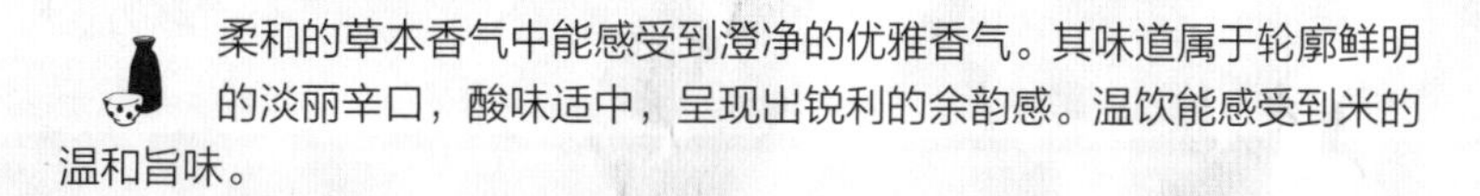

虎河豚刺身的味道极为高雅、细致，与此酒搭配，轻快淡丽的酒质丝毫不会影响河豚刺身的美味。酒质舒畅的干型口感更让河豚特有的鱼腥味全无残留。每每品尝河豚刺身，就想要品尝一口酒。另外它也可搭配其他白肉鱼、章鱼及乌贼，或是富含汤汁的关东煮、生蚝等料理。

贵 山废纯米大吟酿

Taka Yamahai Junmai Daiginjo

- 精米步合 40%
- 适饮温度 冷饮 常温 温饮
- 香气类型 花果般的香气 原料香气
- 酒体 中酒体

带有酸甜味道的乳酸口感，是一款经过5年时间构想酿制而成的逸品。因为经过3.5年的熟成时间，味道柔顺，旨味轻柔高雅，口感轻快柔顺，却具深度。香气由刚开瓶的谷物香气慢慢地转为熟果香的风格，随着醒酒的时间而变化出的不同香气与美味，令人惊艳。（此为年产850瓶的限定品）

河豚经加热烹调后展现出甜味感，以火锅的方式呈现，能同时享受鱼肉、鱼唇及鱼皮等不同口感的乐趣，高汤也因续煮而呈现出浓缩感的美味，可说是河豚宴的经典。圆润滑顺的日本酒的内在表现，会自然融入味道简单、有温度的河豚锅味道中。山废酒款的酸味与佐料柚子醋让食材的味道交互融合，有种好酒好食沉瓮底的表现。它也可搭配牡蛎锅、蒸鱼料理或是河豚白子料理。

贵 纯米吟酿雄町

Taka Junmai Ginjo Omachi

- 精米步合 50%
- 适饮温度 冷饮 常温 温饮
- 香气类型 原料香气
- 酒体 厚实

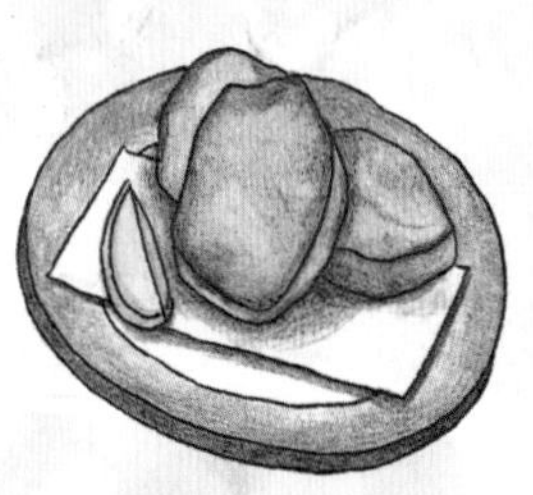

旨味与酸味非常均衡的一款酒。因为此酒是在酵母仍处于活动状态之下进行压榨，所以味道清爽，入喉后的酸味洁净利落。随着温度的提升，雄町米具有的旨味特质延展，厚实与深度的表现令人回味。

具有弹力的河豚肉经油炸后更显弹牙，河豚肉用酱汁腌渍后蘸粉油炸，皮脆肉嫩，啃着骨边肉更有趣味。附着在河豚面衣上的油与雄町的酸味、旨味都非常搭配。酸味去除油质带来的厚重感，并且旨味增加，也可搭配奶酪、白烧鳗鱼与红烧鱼。

贵 纯米吟酿山田锦50

Taka Junmai Ginjo Yamada Nishiki

- 精米步合 50%
- 适饮温度 冷饮 常温
- 香气类型 花果般的香气
- 酒体 中酒体

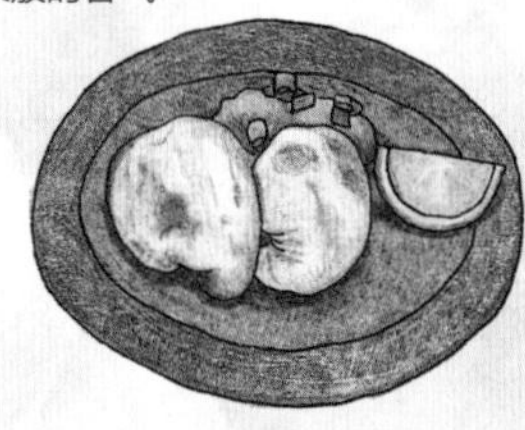

用酒厂亲自栽培的山田锦米为原料酿造，是有所坚持的一支酒款，可以品尝到山田锦本身具有的丰富味道与柔和旨味。虽然它是吟酿酒，但更强调米的味道与米具有的透洁表现。常温饮用也很美味。

与味道浓郁、充满奶香的烤河豚白子搭配，可以品尝到米的旨味。芳醇的酒体，撑起白子带有黏稠感的浓厚味，相乘效果下更添美味。通常烤白子以热烫的温度提供，建议酒可以用常温搭配，两者在温度调和下，口感更加柔顺。另外也可搭配炖煮蔬菜。

餐搭设计提供：汤之宿・味之宿 梅乃屋（Umenoya）/ +8183-922-0051 / 山口县山口市汤田温泉4-3-19

九州岛北部

久留米市 豚骨拉面的发源地

久留米市位于福冈南部筑后地区，是豚骨拉面的发源地。当地的米、水与气候都适合酿造日本酒，因此为日本三大名酒产地之一，酒厂数位居全日本第三。在此处可轻松品尝美食，首推两种不同流派的鳗鱼料理，各自以秘制酱汁相互竞争。还有可以在屋形船上品尝刚捕获的沙丁鱼料理。风味独特且口感浓郁的久留米拉面更是九州岛拉面的始祖。市区有超过200家的烧烤店，久留米烧烤也是人气必尝的料理之一，还有筑后乌龙面也不容错过。

久留米絣（かすり）

棉织品，以蓝染为主。用分别染成蓝色及白色的线，在蓝色底色的棉布上织出花纹，与“伊予絣”及“备后絣”并列为日本三大棉织品。

久留米篮胎漆器

从江户时代流传到现代的传统漆器。篮是竹笼的意思，篮胎漆器是指用竹子编制的漆器。谨慎使用的话，其寿命据说可达10年以上。

北野天满宫

主要祭祀日本的学问之神菅原道真。

片濑温泉

片濑温泉是河童传说及水果的故乡，就是久留米市田主丸町。田主丸町是被九州岛第一大河筑后川所环绕的小小温泉乡，同时也是筑后川里香鱼的故乡。

葡萄采收

这里除了巨峰，还栽培许多不同品种的葡萄。田主丸町共有62家可以享受采收葡萄乐趣的观光葡萄园。

北野天满宫

山口酒厂
用大自然素材酿成的酒

久留米市是一个具有千年历史的古城。此地的天满宫，是祭祀学问之神菅原道真的神社。天满宫位于整个城市的正面，据说当时如果做了不好的事，没有脸见神明，会被驱逐出城。山口酒厂在180年以前开始酿造敬神用酒。日本酒最早是用来贡献给神明，但是在祭祀后也不能随意丢弃，所以开始被人们饮用，据说这也是饮酒的由来。

均衡利落的酸味表现

“25年前，我的父亲决定停止大量生产，转而专门酿造纯米吟酿酒。由于当时的酒厂数量多，竞争又相当激烈，酒厂年产量曾高达好几千石”，第十一代的山口哲生社长娓娓道来。在昭和30年（1954年）左右，滩（兵库县盛产清酒区域）及大型酒厂等开始从事“桶卖”。当时庭之莺的年生产量高达8000石，但与大型酒厂进行买卖获利却不好，借款金额年年增加。当时第十代山口尚泽社长甚至考虑关闭酒厂，但是他很想让大家品尝所谓心目中的美酒，同时也抱着最后一搏的决心，于是举办以酒厂刚压榨完成的最佳纯米原酒为主题的“新酒之会”，获得了极大反响。2天内“新酒之会”涌进多达2万多人，人潮过多还造成酒厂的地板下陷。

有了这样的经验，他深刻体会到质量与流通管理的重要，于是决定停止桶卖事业，转向以美味纯米酒为中心的酿造事业。为了能够让酒与福冈丰富的地区食材产生交集，酒厂决定以“搭餐之余会令人想要再来一杯的酒”为酿造理念。搭餐的要点，在于酸味的表现。记得在我小时候，大多日式料理提供的酒款属于料理酒，父亲常道：酒要温热一点啊！现在才意识到酒不够热，杂味会呈现锐利的表现，应该很不好喝（因为当时还小，只觉得臭臭的）。旧时的日本酒讲究纯净感，尽量掩盖酸味，直到近年来适合搭餐的酒款概念才渐渐受到瞩目。适当的酸味能缓和酒中散发出过多甜味与旨味，并且辅佐料理，让食材的鲜甜味更加明显。“单喝不腻口，搭餐提鲜味”的概念，正是这个年代的指标酒款。

日本酒的酸味表现有许多种：清爽的酸、温柔的酸、强烈的酸及杂味的酸等，不是所有酸味都能表现美味，因此均衡利落的酸味表现，是庭之莺能有众多拥护者的主要原因之一。山口社长说道：“能有适度的酸味表现，是因为我们在洗米与制麹的阶段下足了功夫。”日本酒的酿造，必须让好的微生物发挥特色，从而抑制不好的微生物滋长，从中取得酒质最佳的平衡，一直以来这都是酿造学的一大课题。

用大自然素材酿造而成的酒

山口酒厂的酿造用水，是九州岛第一大河筑后川的伏流水，属于滑顺美味的软水水质，也因此吸引树莺飞至酒厂庭院觅水休息，因而将酒款命名为“庭之莺”。至于酿造用米，目前基本上使用的是当地生产的酒米——酒厂好适米山田锦与福冈县开发的梦一献。因为使用当

非常绅士的第十一代山口社长

地的水和酒米，酿造出的酒与当地食材会更容易搭配。山口社长提道：“因为原料丰富，能在福冈酿造日本酒是非常幸福的。”米的清洗则交由洗米机，依照米的软硬度做适当调整，如硬米的五百万石及软米的山田锦等。洗米机利用泡沫的冲击彻底去除米糠与杂质，通过压力与浸渍过程，再利用真空吸力去除水分。酒米浸渍时间会直接影响蒸米的质量，若吸水过多，蒸好的米会呈现过软的状态，不利于酿造，得由杜氏判断调整适当的吸水率。

依据地区不同，蒸汽带来的压力也会有所差异。为了让蒸熟的米可以达到外硬内软的状态，蒸汽的压力能释放出超过100℃以上的热气是非常重要的，这是让酒厂好适米达到外硬内软状态所不可或缺的要点。看似简单的作业，若是在此踌躇不前，就无法进行下一个作业，

酒厂的母屋

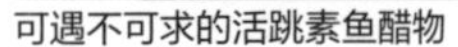
可遇不可求的活跳素鱼醋物

树莺站姿方向里的秘密，你发现了吗？

为了让蒸米达到最理想的状态，这项作业也集结了许多高超的技术。酿酒过程中用来促使发酵的酵母，基本上使用协会9号酵母，但在这个酒厂里使用9号酵母会呈现出偏向辛口及甜味较少的风味，故一直无法酿造出第十一代社长要求的味道，因此社长尝试将9号酵母与本社所培育的酵母混合使用后，能让酒质互取特性，达到所想表达的温润酒质。

九州岛北部即使在寒冷的冬季，清晨气温在0℃上下，白天大概在10℃左右，是非常适合酿造酒的环境。由于水不会冻结，所以不需要特别进行保温作业，这样的气温，可以让酿造工程在非常自然的环境下进行发酵。在进行发酵作业时，也只需利用门的开关，进行温度的调节，例如：要让醪的发酵活动缓慢进行时，就将门打开，让冷空气进入酒厂中。利用大自然力量进行温度的调节，这或许也是庭之莺酒款能在味道上表现出如此自然风味的原因之一。

酒厂的熟成方式采取瓶内熟成的瓶贮藏法，而非酒槽熟成法，在经压榨过滤后经由一次低温加热杀菌后装瓶，并放置于低温储藏室中进行熟成，这概念与葡萄酒相似。在隔绝空气与低温的情况下，酵素的动力属于较缓慢的运作模式，这是以时间换取香醇美味的表现。此外，因为特别使用了柔软的酒米，酒厂希望可以呈现出特有的新鲜感，所以减少了加热杀菌的次数。若是进行两次加热杀菌，原来的特征就会消失殆尽。

“天下御免”梅酒之家

酒厂另一个强项非梅酒莫属，第十一代山口社长的母亲出生在盛产梅子的大山町，对于选梅与梅酒酿造，她有着独特的祖传配方。受到区域文化的影响，福冈地区的利口酒酒底采用的是用酒粕再进行加工蒸馏而成的粕烧酎，它相较于一般的蒸馏烧酎味道更为芳醇。山口酒厂的梅酒是使用自家日本酒酿造后的酒粕进行再发酵后蒸馏而成，再将梅子腌渍后来酿制梅酒，主要分为芳醇透洁的特撰梅酒与含果肉的浓醇梅酒两种。后者的庭之莺“莺O-toro梅酒”还曾获选一年只有一位能得奖的“天下御免”之殊荣，据说这也是目前唯一一款能在决赛中全数获得评审公认第一的酒款。

桶卖

在20世纪60年代至70年代，日本市场面临外来酒的大崛起，虽然日本酒大型酒厂的人气仍在，但众多小型的日本酒厂却面临考验。在大型酒厂商品供不应求的情况下，以较低廉的价格向小酒厂买酒并挂上自家品牌后贩卖，便称作“桶卖”。虽然这带来了互助的效应，不过在某个层面上也算是日本酒业界的黑暗期吧。

庭之莺粉红气泡酒

Niwa No Uguisu Sparkling Pink

- 精米步合 60%
- 适饮温度 冷饮
- 香气类型 花果般的香气 原料香气
- 酒体 轻酒体

采用瓶内二次发酵，淡粉红色的气泡高雅细致，推荐作为餐前酒，“Medium dry”（中度干型）的酒体在酸味上的表现略强，微带甜感、圆润的口感，也可作为餐中酒。饮用温度在5℃～8℃之间。

酒体的清爽酸味与利落感不但提升食欲，也拥有能辅佐前菜料理的特质。适合搭配海藻醋物、刺身拼盘及西式蔬菜冻（terrine）等。日本人有食用酸味食物的习惯，因此与这款酒非常搭配。酱油风味也适合，此酒款从味道清爽的白肉鱼，到油脂丰富的鱼肉皆宜，可以搭配所有刺身。另外它也可与前菜类料理、蔬菜冻一起食用，享受蔬菜天然的香气及甜味，可以说是全方位型的酒款。

庭之莺莺O-toro梅酒

Niwa No Uguisu O-toro

- 适饮温度 加冰块 冷饮

在梅酒竞赛中获得“天下御免”殊荣的酒款。此款是香味呈现新鲜，酒体呈现浓郁的果肉梅酒。它以福冈特有的粕烧酎为底，将青梅浸渍其中，经2年的熟成后与青梅果泥一同呈现出独特的稠畅口感。建议加入冰块饮用。

搭配胡麻鲭鱼与活跳素鱼（しろう）醋物。鲭鱼与梅子原本就非常搭配。这款让人联想到完全熟成的梅子，浓厚的香味引发食欲。活跳素鱼酱汁的酸由土佐醋、柚子醋、姜末与鲣鱼高汤调制而成，活鱼在口中的舞动口感令人惊艳，酱汁的柔酸与O-toro梅酒的酸甜味则表现出调和感。

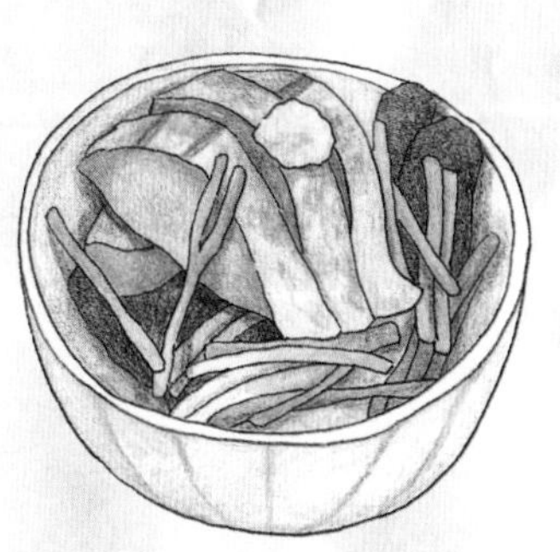

庭之莺纯米大吟酿45黑莺

Niwa No Uguisu Junmai Daiginjo Kuro Uguisu

- 精米步合 45%
- 适饮温度 冷饮
- 香气类型 花果般的香气
- 酒体 中酒体

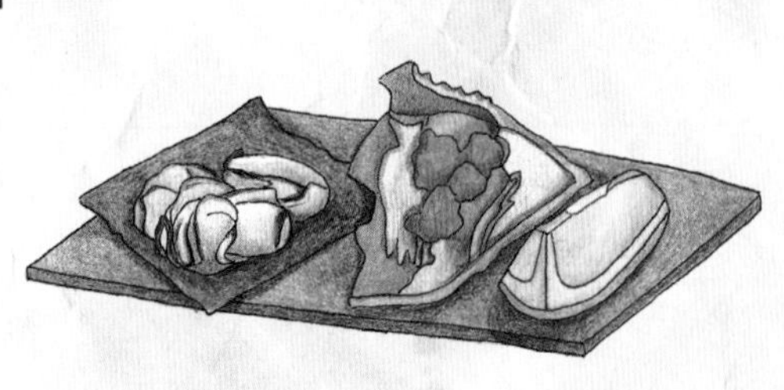

这是树莺酒标系列里的顶级酒款，属于限定品。香味高雅、均衡，酒质细致，口感非常具体，最佳适饮温度8℃～12℃。树莺系列的酒款在酒标里的秘密——精米步合50%以下，树莺站姿朝向右边；精米步合51%以上，树莺站姿朝向左边。

搭配竹崎蟹和伊吕波岛的牡蛎。竹崎蟹为有明海的螃蟹品种，由于海水咸度较低，能衬托出竹崎蟹的甜味表现。锐利、收尾干净的口感，会提高螃蟹深奥的旨味与甜味。酒与螃蟹味道皆具深度及略带苦涩感，搭配后呈现绝妙美味。酒与牡蛎则各带甜味及旨味，两者融合后，味道非常和谐。同调与调和都是非常有趣的呈现。

庭之莺纯米大吟酿50

Niwa No Uguisu Junmai Daiginjo

- 精米步合 50%
- 适饮温度 冷饮
- 香气类型 花果般的香气
- 酒体 中酒体

甜味与酸味非常调和，是树莺系列中香气最芬芳的酒款。香气展现出多元的复杂感，味道则呈现出具有深度的旨味表现与回甘的芳醇。最佳适饮温度是在8℃～15℃。杜氏以洁净无垢，且具有存在感为目标酿造出的酒款，也是具有内涵的女性酒款。

搭配笋馒头，胜男菜及蕾菜浸物。笋的苦味与新酒非常搭配，虽然没有新酒般清爽，但瓶内贮藏所呈现出的新鲜感，具有甜味与酸味的表现，与蒸过的笋馒头非常适合。味道简单的蔬菜浸物，与酒自然融合一起，味道舒畅。（注：日本料理所称的馒头并非由面粉发酵后所蒸熟的面粉制品，而是多半以根茎类植物经烹调后磨成泥状并加以调味，塑形成球状，以蒸或炸后淋上酱汁的料理法，可选择是否包馅。上文所述的笋馒头则是将煮熟后的笋子磨泥后调味制成的一道功夫菜。）

庭之莺纯米吟酿60

Niwa No Uguisu Junmai Ginjo

- 精米步合 60%
- 适饮温度 冷饮 常温 温饮
- 香气类型 原料香气
- 酒体 中酒体

酸味洁净清爽，旨味饱满芳醇，酒体的酸味特质能扮演好餐中酒的refresh（洗涤）角色。回温时，如果实般的味道会扩散开来。最佳适饮温度是在8℃～15℃。对这款酒的印象感就宛如有着长者般的历练感与包容心。据说在酿造这款酒时，是以葡萄酒中的白苏维浓（Sauvignon blanc）及黑皮诺（Pinot noir）为灵感。

搭配鹿儿岛黑毛和牛。此酒有着“男性酒”的特质，锐利的酒体与干型的味道表现可以彻底去除残留口中的牛肉油脂，让口中变得清爽。其他如猪肉、油炸料理或烧烤都能搭配，适合作为餐中酒。

 餐搭设计提供：Sushinojirochou（寿しの次郎长）/ +81-942-39-6366 / 福冈县久留米市日吉町4-2

日本酒专卖店・酒铺

（中国台湾地区）

中国台湾地区连锁

city’super

- 02-77113288
- http://www.citysuper.com.tw/index.aspx

橡木桶洋酒专业代理

- 0800-059-099
- http://www.drinks.com.tw/

中国台湾地区北部

台北松山区

Breeze Super 微风超市

- 台北市松山区复兴南路一段39号
- 02-66008888#7001
- 营业时间：周日～周三 11:00-21:30
  周四～周六 11:00～20:00

SAKA.YA日本酒／酒器／米麹发酵液保养品专门店

- 台北市松山区敦化北路155巷6号之一
- 02-27126839
- 营业时间：周一～周六 12:00-20:00
- http://www.sakaya.life

台北大安区

友士食品馆

- 台北市大安区四维路25号
- 02-27092895
- 营业时间：周一～周日 11：00～21：00

新竹竹北区

Winest酒窝酒类专业门市

- 新竹县竹北市文兴路二段66号
- 03-6682202
- 营业时间：周一～周六 10:00-20:00

中国台湾地区南部

台南中西区

神酿川 日本酒专卖店

- 台南市中西区健康路一段170巷16号
- 06-2159938
- 营业时间：周一～周六 12：00～22：00

高雄前金区

大立TALEE'S

- 高雄市前金区五福三路59号
- 07-2613060
- 营业时间：周日、例假日 10:30～22:00
  周一～周四 11:00-22:00
  周五、例假日前一天 11:00～22:30
  周六、连续假日 10:30～22:30
  超市10:30 起营业

日本酒食好去处

（中国台湾地区）

中国台湾地区北部

台北北投区

夕月Bar

- 台北市北投区光明路236号（北投日胜生加贺屋）
- 02-28911111
- 营业时间：周日～周六 18:00～凌晨0:00
- 有着不同于都会丛林中喧闹的夜店，紧邻着绿树繁荫的北投公园。纵长的空间搭配大面玻璃窗，使视觉感更为开放宽敞。店内有30多款日本酒，是少数以日本酒调酒的酒吧。

台北士林区

鸟哲烧物

- 台北市士林区福华路128巷12号
- 02-28310166
- 营业时间：周一～周日 18:00～00:00
- 以日本“烧鸟”（烤鸡肉串）料理为主打，食材以鸡肉为主。店名“哲”取自店主萧哲文之名，代表以个人信誉担保料理的绝佳品质，是一间将日本怀石料理理念融入串烧中，并加入餐搭酒元素，网罗许多日本好酒的专门料亭。

台北中山区

HanaBi

- 台北市中山北路二段20巷1-3号
- 02-25119358
- 营业时间：周日～周四 11:30～14:00／18:00～22:30
  周五～周六 11:30～14:00／18:00～23:00
- 隐身在繁华的中山区巷弄中，紧邻着白色古典洋房的台北光点，宽敞的居酒空间搭配杉木装潢，使视觉感更为放松、舒适，除了有60多款日本酒，也是少数有侍酒师驻店的店家。

台北松山区

祥云龙吟

- 台北市中山区乐群三路301号5楼
- 02-85015808
- 营业时间：周二～周日 18:00～23:00
- 米其林三星餐厅——日本“龙吟”（RyuGin）的分店，用台湾丰富的物产，融合极致料理技术，搭配严选御茶及侍酒师精选餐搭酒款，诠释出兼具传统与创新的怀石料理。

KOUMA日本料理小马

- 台北市松山区民生东路三段111号B1（台北西华饭店）
- 02-27181188
- 营业时间：周一～周六 12:00～14:30／18:00～22:00
- KOUMA料理长和知军雄坚持采用新鲜渔获且严谨慎选产地，而承袭自其恩师神田主厨独特的“减法哲学”也充分展现在料理上，无论技术或在清酒上的搭配都能展现出极致。

台北中正区

Shochu Sake Bar（小酒）

- 台北市中正区八德路一段一号（华山艺文中心）
- 02-23951700
- 营业时间：周一～周五 19:00～凌晨2:00
  周六～周日 12:00～17:00／18:00～-凌晨2:00
- 一道摆满日本酒的墙后，隐藏着一间地下酒吧风格的日本清酒吧，除了每周更换不同日本地酒组合（4杯、2杯）的酒单，更常备50～60款日本酒等您来挑选。

台北大安区

Senn先酒肴

- 台北市大安区敦化南路一段163号2楼
- 02-27755090
- 营业时间：周一~周四 18:00~凌晨1:00
  周五~周六 18:00~凌晨2:00
- 坐落于敦南林荫大道二楼，能在实木吧台落地窗前享用新鲜季节的日式料理。着重酒肴的搭配，独家代理岩手地酒，有驻店侍酒师亲自服务。营业至凌晨，提供好酒、好菜及好朋友的夜食享受。

WA-SHU和酒

- 台北市大安区忠孝东路四段101巷39号A2
- 02-27714240
- 营业时间：周一~周六 19:00~凌晨2:00
- 老板稻叶先生在欧洲许多酿造所与蒸馏所修业完后，秉持着传达日本酒文化的使命所开的日式酒吧，店内除了结合了许多日本产的酒类，以日本酒为基底所做的调酒也是一大特色。

花酒蔵Aplus Dining Sake Bar

- 台北市大安区安和路一段33号
- 02-27319266
- 营业时间：周日~周四 12:00~14:30 / 17:30~凌晨0:30
  周五~周六 12:00~14:30 / 17:30~凌晨2:00
- 花酒蔵创立于1997年，是中国台湾地区第一家清酒餐酒馆，约有130余款清酒供消费者选择，并聘请多位SSI初阶或高阶认证侍酒师在现场为消费者提供品饮清酒的建议与服务。

吉力酒蔵 日本地酒专营

- 台北市大安区安和路二段28号
- 02-27069699
- 营业时间：周一~周六 12:00~22:30
- 隐身在安和路住宅区的日本地酒专营店。店内贩卖酒品从日本东北地区到九州岛等多有涉猎。提供许多与日本风潮同步的卓越逸品。无论是初学者或专业者品饮，都能满足在这日本酒的世界里！

一味屋

- 台北市大安区延吉街160巷2号
- 02-27119922
- 营业时间：周二~周日 17:30~凌晨1:00
- 坐落在繁华东区的弄堂内，以诉求食材新鲜与服务至上的精神。一位认真的老板、一位懂酒的外场达人、一群活力十足的员工，与一场味觉与视觉的感官享宴。

桃园桃园区

鸟久居酒屋

- 桃园市桃园区桃一街63号
- 03-3370503
- 营业时间：周一、周三~周日 18:00~01:00
- 鸟久居酒屋——复刻记忆，打造梦想。鸟久（Tori-kyu）隐身于桃园市市区住宅的巷弄中，主打日本传统家庭料理，加上近百种各地日本酒及特色酒款，由具日本酒国际侍酒师资格的店长Taco领军，营造出家的热情温馨氛围，致力将日本餐酒文化推广给所有喜爱日式料理的顾客。

中国台湾地区中部

台中西屯区

敏郎烧鸟屋

- 台中市大墩20街162号
- 04-23209572
- 营业时间：周日~周一 19:00~凌晨2:00
  周三~周六 19:00~凌晨2:00
- 外观低调的店面，由对料理相当富有热诚的侍酒师兄弟档经营，空间虽小，但弥漫着喜悦与满足的空气感，店内的日本酒约有20款，并每3个月换一次酒单，提供多样化的选择。

中国台湾地区南部

台中南屯区

真月新日本料理

- 台中市南屯区黎明路二段706号
- 04-22541699
- 营业时间：周一~周日 11:30-14:30 / 17:30-21:30
- 无菜单新怀石料理。依循“不时不食”的养生观，料理团队秉持旬味精神，用季节食材交织出美味的创意料理。装潢以东京前卫风为主题，低调沈稳，铜铁空间增添现代感，展现风、雅、淳、真、器五感平衡的氛围。

台南中西区

花川日式料理

- 台南市中正路39巷16号
- 06-2201117
- 营业时间：周日~周六 11:00~凌晨1:30
- 坚持时令结合地道，以一生悬命的态度烹调着四季食材及时令海鲜，料理出地道的日式美肴，搭配着各式日本酒及烧酎，期盼能从繁复中吃出简单的美味，这就是令人回味无穷的花川。

高雄凤山区

五味藏

- 高雄市凤山区滨山街46号
- 07-7779796
- 营业时间：周二~周日 18:00~凌晨1:00（农历年间休息）
- 目不暇接的日本酒类选择。更供应畅快解渴的日本生啤酒、精酿啤酒。各式酒肴与串烧及当日购入的鱼鲜料理，让喜爱小酌的您心中也能充满都市人生活中的小确幸。

日本酒食好去处（日本）

东京都中央区

酒の穴（Sakenoana）

- 东京都中央区银座3-5-8 银座らん月B1
- +81-3-35671133
- 营业时间：周日、例假日 11:00~22:00（L.O.21:30）
  周一~周六 11:00~23:00（L.O. 22:30）
  （1月1日休息）
- 营业类型：日式餐饮

东京都港区

ぬる燗 佐藤（Nurukan Satou）

- 东京都港区六本木7-17-12 六本木ビジネスアパートメンツ1F
- +81-3-3405-4050
- 营业时间：周一~周六 11:30~14:00（L.O.13:30）/
  17:00~23:30（L.O. 22:30）
  （年末年初休息）
- 营业类型：日式餐饮

霞町三〇一ノ一（Kasumichou Sanmaruichinoichi）

- 东京都港区西麻布2-12-5 MISTY西麻布 3F
- +81-3-68053227

- 营业时间：周一～周三、周六 18:00～凌晨2:00
  （L.O.凌晨 00:00）
  周四～周五 18:00～凌晨3:00（L.O.凌晨2:00）
- 营业类型：日式餐饮

酒茶论（Shusaron）

- 东京都港区高轮4-10-18 京急ショッピングプラザ ウィング高轮WEST 2F
- +81-3-5449-4455
- 营业时间：周一～周五 17:00～凌晨0:00
  周六～周日、例假日 15:00～凌晨0:00
  （料理L.O. 23:00／饮品L.O. 23:30）
- 营业类型：日本古酒吧

库里（Kuri）

- 东京都港区新桥3-19-4 桜井ビル2F
- +81-3-34383375
- 营业时间：周一～周六 16:00～凌晨0:00
  （料理L.O. 23:00／饮品L.O. 23:30）
- 例假日 16:00～22:00
  （年末年初、黄金周、中元节营业时间不定）
- 营业类型：日本酒吧

东京都新宿区

方舟 新宿西口店（Hakobune Shinjuku-nishiguchi）

- 东京都新宿区西新宿7-10-18 パシフィカ小滝桥ビル6F
- +81- 3-5937-0038
- 营业时间：周日、例假日 17:00～22:00
  （料理L.O. 21:00／饮品L.O. 21:30）
  周一～周四 17:00～23:00（料理L.O. 22:00／饮品L.O. 22:30）
  周五～周六、例假日前一天 17:00～23:30（料理L.O. 22:30／饮品L.O. 23:00）
  （每月第一个周一、连休假期最后一天休息）
- 营业类型：日式餐饮

日本酒教室

上海OU SAKE清酒学苑

- http://www.ousakeppl.com

中国台湾地区酒研学院・日本酒学部

- http://www.wineacademy.tw

干杯SAKE学苑

- https://www.facebook.com/kanpaisakeschool

中日对照名词速查表

（酒款、温度、料理）

北海道

国稀酒厂

- 北海鬼杀（Hokkai Onikoroshi）
  冷饮 常温
  毛蟹蟹肉与蟹膏的甲壳烧（毛ガニの身と味噌の甲罗焼き）
- 上撰国稀（Jousen Kunimare）
  冷饮 常温 温饮
  鳅鱼卵（かじかの玉子）
- 国稀特别纯米酒（Kunimare Tokubetsu Junmai-shu）
  常温 温饮
  数子鱼卵（数の子）、鳕鱼子（たらこ）
- 佳撰国稀（Kasen Kunimare）
  冷饮 常温
  牡丹虾刺身（ぼたん龙虾のお刺身）
  温饮
  炭烤牡丹虾（ぼたん龙虾焼き）

男山酒厂

- 男山纯米大吟酿（Otokoyama Junmai Daiginjo）
  冷饮
  猪肉豆腐（肉どうふ）、白肉鱼（白身鱼）、章鱼（たこ）、乌贼（イカ）、干贝（ほたて）、炭烤 鱼（ホッケの网焼き）
- 男山寒酒特别本酿造（Otokoyama Kanshu Tokubetsu Honjozo）
  冷饮 温饮
  鳕鱼白子与牡蛎味噌烧（たちとカキの味噌焼き）

北陆地区－石川县

吉田酒厂店

- 手取川本酿造甘口加贺美人（Tedorigawa Honjozo Amakuchi Kagabijin）
  冷饮 温饮 热饮
  炖煮能登猪肉（能登豚の角煮）、蒲烧鳗鱼（うなぎの蒲焼）、照烧鰤鱼（ぶりの照り焼き）、寿喜烧（すき焼き）、酱烤鸡肉串（タレの焼き鸟）
- 手取川山废纯米酒（Tedorigawa Yamahai-jikomi Junmai-shu）
  冷饮 温饮
  能登牛握寿司（能登牛の握り）、剑崎辣椒味噌（郷土料理剣崎のなんば味噌）
- 手取川大吟酿名流（Tedorigawa Daiginjo Meiryu）
  冷饮
  炭烤金泽粗葱佐能登盐（金泽一本太ねぎの炭火焼）、带骨香鱼料理（鮎の背ごし）、河豚生鱼片（ふぐの刺身）、海鲜色拉（シーフードサラダ）、生蚝（生ガキ）
- 吉田藏大吟酿（Yoshida Kura Daiginjo）
  冷饮
  嵘螺刺身（さざえのお造り）、乌鱼子（からすみ）、龙虾与海胆佐醋冻（エビと云丹のゼリー寄せ）、龙虾与油菜花佐鱼子酱（エビと菜の花キャビア添え）
- 手取川纯米大吟酿本流（Tedorigawa Junmai Daiginjo Honryu）
  冷饮 温饮
  炭烤松叶蟹（蟹の炭火焼）、白子醋物（白子酢）、里芋萝卜煮物（里芋と大根の煮物）、汤豆腐、甜虾刺身（甘えびの刺身）

车多酒厂

- 天狗舞山废纯米酒（Tengumai Yamahai-jikomi Junmai-shu）
  冷饮 常温 温饮 热饮
  河豚卵巢粕渍（ふぐの卵巣の粕漬）
- 天狗舞山废纯米大吟酿（Tengumai Yamahai Junmai Daiginjo）
  冷饮 常温 温饮
  海鲜寿司、油脂丰富的鱼肉、青鲋（ブリ）、蟹肉（蟹の身）
- 天狗舞纯米大吟酿50（Tengumai Junmai Daiginjo 50）
  冷饮 常温
  焖煎红喉鱼（のどぐろの蒸し焼き）
- 天狗舞纯米酒旨醇（Tengumai Junmai-shu Umajun）
  常温 温饮 热饮
  松叶蟹甲壳烧（ズワイ蟹の甲罗焼き）

北陆地区－福井县

黑龙酒厂

- 黑龙特吟（Kokuryu Tokugin）
  冷饮
  炙烧板海带芽（板わかめの炙り）
- 黑龙雫（Kokuryu Shizuku）
  冷饮
  水煮越前蟹刺身（越前ガニの刺身）、清酒蒸甘鲷（若狭湾ぐじの酒蒸し）
- 黑龙八十八号（Kokuryu Hachijyuhachigo）
  冷饮
  炭烤越前蟹（越前ガニの焼きガニ）、越前蟹甲壳烧（越前ガニの甲罗焼き）
- 九头龙纯米酒（Kuzuryu Junmai-shu）
  冷饮 温饮
  盐渍海胆（塩うに）、米糠腌渍青花鱼（さばのへしこ）
- 黑龙大吟酿（Kokuryu Daiginjo）
  冷饮
  比目鱼刺身（平目の刺身）、海螺刺身（バイ贝の刺身）
- 黑龙大吟酿龙（Kokuryu Daiginjo Ryu）
  冷饮
  水煮越前蟹（越前ガニ『浜茹で』）

静冈县

富士高砂酒厂

- 高砂山废纯米辛口（Takasago Yamahai-jikomi Junmai Karakuchi）
  冷饮 常温 温饮 热饮
  黑鱼板矶边卷（黒はんぺんの矶辺巻）
- 高砂大吟酿（Takasago Daiginjo）
  冷饮
  扬出豆腐（扬出し豆腐）
- 高砂山废纯米吟酿（Takasago Yamahai-jikomi Junmai Ginjo）
  冷饮 温饮 热饮
  寿喜烧（すき焼き）、炖煮猪肉块（豚の角煮）、微涮朝雾牛荞麦面（朝雾牛のしゃぶ荞麦）
- 高砂望富士（Takasago Nozomufuji）
  冷酒 温饮 温饮
  樱花虾刺身（桜龙虾刺身）、汆烫樱花虾（桜龙虾の釜扬げ）
  温饮 热饮
  炸樱花虾（素扬げ）、什锦炸物（かき扬げ）
- 纯米气泡酒（Takasago Junmai Sparkling）
  冷饮
  海鲜料理、握寿司（にぎり寿司）、西式前菜、日式甜品
- 绿茶梅酒（Takasago Umeshu Ochairi）
  冷饮
  优格（ヨーグルト）、盐烤鸡胸脯肉（鸟のささみ）、盐烤鸡胸肉（胸肉の塩焼き）

三和酒厂

- 卧龙梅开坛十里香纯米大吟酿无过滤原酒（Garyubai Kaibinjyuuri Kaoru Junmai Daiginjo Muroka Genshu）
  冷饮
  生腐皮（生ゆば）
- 卧龙梅大吟酿45无过滤原酒（Garyubai Daiginjo 45 Muroka Genshu）
  冷饮
  马肉刺身佐配甘口酱油（马肉の刺身 甘い醤油付け）
- 卧龙梅纯米大吟酿无过滤原酒（Garyubai Junmai Daiginjo Muroka Genshu）
  常温 温饮
  银鳕西京烧（银鳕の西京渍け）
- 卧龙梅纯米吟酿无过滤原酒山田锦（Garyubai Junmai Ginjo Muroka Genshu Yamada Nishiki）
  冷酒
  鲔鱼赤身刺身（鮪のお刺身赤身）
  常温
  鲔鱼中腹（鮪のお刺身中トロ）
  温饮 热饮
  鲔鱼大腹炙烧（鮪の炙り大トロ）、西式白酱（ホワイトソース）蛋包饭（オムレツ）
- 卧龙梅纯米吟酿无过滤原酒五百万石（Garyubai Junmai Ginjo Muroka Genshu Gohyakumangoku）
  冷饮 常温
  鲷鱼（鯛）、比目鱼（平目）、甜虾（甘えび）
- 卧龙梅纯米大吟酿山田锦（Garyubai Junmai Daiginjo Yamada Nishiki）
  冷饮
  乌贼与章鱼Carpaccio（イカとタコのカルパッチョ）

土井酒厂

- 开运大吟酿（Kaiun Daiginjo）
  冷饮
  静冈皇冠哈密瓜（静冈クラウンメロン）
- 开运吟酿（Kaiun Ginjo）
  冷饮 温饮
  茶碗蒸（茶碗蒸し）、比目鱼刺身（ひらめのお刺身）
- 开运纯米吟酿山田锦（Kaiun Junmai Ginjo Yamada Nishiki）
  冷饮 常温 温饮
  炭烤白烧鳗鱼（鳗の白焼き）
- 开运纯米大吟酿（Kaiun Junmai Daiginjo）
  冷饮
  金目鲷涮涮锅（金目鯛のしゃぶしゃぶ）
- 开运特别纯米（Kaiun Tokubetsu Junmai）
  冷饮 常温 温饮
  蒲烧鳗（鳗の蒲焼）、红烧金目鲷鱼（金目鯛の煮付け）、烤牛肉（ローストビーフ）
- 祝酒开运（Iwaizake Kaiun）
  冷饮 常温 温饮 热饮
  烤鳗鱼肝（鳗の肝焼き）、白带鱼煮物（太刀鱼の煮付け）

近畿地区－京都

玉乃光酒厂

- 纯米大吟酿播州久米产山田锦35%（Junmai Daiginjo Banshukumesan Yamada Nishiki 35%）
  冷饮
  鲷鱼寿司（鯛寿司）、酱烤山椒竹笋（笋の木の芽田楽）、鲜鱼Carpaccio（刺身のカルパッチョ）、山菜浸物（山菜のおひた

し）、天妇罗（天ぷら）
・纯米大吟酿备前雄町100%（Junmai Daiginjo Bizen Omachi 100%）
冷饮 温饮
综合生鱼片（お造りの盛り合わせ）、鲷鱼（鯛）、鲔鱼（鮪）、明虾（车龙虾）、汆烫竹笋（たけのこ）、京怀石料理、汆烫鳢鱼（鱧の汤引き）、天妇罗（天ぷら）
・纯米吟酿霙酒（纯米吟醸みぞれ酒／Junmai Ginjo Mizore Sake）
冻饮 冷饮
葡萄柚（グレープフルーツ）、柳橙（オレンジ）、水蜜桃（モモ）、完熟哈密瓜（完熟メロン）、甜味浓郁的罐装或是瓶装水果
・纯米吟酿传承山废（Junmai Ginjo Densho Yamahai）
冷饮
鳖与松露的茶碗蒸（スッポンとトリュフの茶わん蒸し）
温饮 热饮
烤山椒鸭肉（鸭の山椒焼き）、炖煮猪肉块（豚の角煮）、酱风串烧（焼き鸟 タレ味）
・纯米吟酿祝100%（Junmai Ginjo Iwai 100%）
冷饮 常温
笋、鲍、海带芽涮涮锅（笋と鲍とワカメの小锅 しゃぶしゃぶ仕立て）、贝类、奶油奶酪（クリームチーズ）、西式料理（洋风料理）
・纯米吟酿特撰辛口（Junmai Ginjo Tokusen Karakuchi）
冷饮 常温 温饮
红肉生鱼片、天妇罗（天ぷら）、生腐皮（生ゆば）

梅乃宿酒厂

・风香纯米大吟酿（Fuka Junmai Daiginjo）
冷饮
味道清淡的章鱼（タコ）、竹笋（たけのこ）、各式前菜料理、鲭鱼（さば）、柿叶寿司（柿の叶寿司）
・风香纯米吟酿（Fuka Junmai Ginjo）
冷饮
高汤玉子烧（出汁巻き玉子焼き）、山菜天妇罗（山菜の天麸罗）
・风香纯米（Fuka Junmai）
冷饮 常温 温饮
炖煮鲕鱼白萝卜（ぶり大根）、牡蛎土手锅（牡蛎の土手锅）、秋刀鱼料理、粕渍烧（粕渍け焼き）、土魠山椒味噌烧（鰆の木の芽味噌焼き）
・山香纯米大吟酿（Sanka Junmai Daiginjo）
冷饮 常温
昆腌鲷鱼（鲷の昆布〆）、生牛肉（牛たたき）、山药鲑鱼卵（いくら山芋）
・山香纯米吟酿（Sanka Junmai Ginjo）
冷饮 常温 温饮
鲷鱼茶泡饭（鲷茶渍け）、胡麻豆腐凉拌野菜（白和え）、酒蒸蛤蛎（あさりの酒蒸し）、若笋（若笋煮）、鲷鱼鱼卵黄金煮（鲷の子黄金煮）、虾（龙虾）
・山香本酿造（Sanka Honjozo）
常温 温饮 热饮
盐麹牛肉（牛肉の塩麹仕立て）、牛排（牛肉のステーキ）、白肉鱼（白身鱼）、寿喜烧（すき焼き）、味噌烧（味噌渍け焼き）、锅类料理（锅料理）

九州岛北部－山口县

永山本家酒厂

・贵 浓醇辛口纯米酒（Taka Noujun Karakuchi Junmai-shu）
冷饮 常温 温饮
虎河豚寿司（活〆とらふぐ寿司）、炸河豚（ふぐの唐扬）、中华料理
・贵 特别纯米60（Taka Tokubetsu Junmai）
冷饮 常温 温饮
虎河豚刺身（活〆とらふぐ刺身）、白肉鱼（白身鱼）、章鱼（タコ）、乌贼（イカ）、关东煮（おでん）、生蚝（生牡蛎）
・贵 山废纯米大吟酿（Taka Yamahai Junmai Daiginjo）
冷饮 常温 温饮
虎河豚锅（活〆とらふぐ锅）、牡蛎锅（カキしゃぶ）、蒸鱼料理（鱼の蒸し料理）、河豚白子料理（ふぐの白子）
・贵 纯米吟酿雄町（Taka Junmai Ginjo Omachi）
冷饮 常温 温饮
炸河豚（ふぐの唐扬）、奶酪（チーズ）、白烧鳗鱼（うなぎ白焼き炭火焼き）、红烧鱼（鱼のアラ煮）
・贵 纯米吟酿山田锦50（Taka Junmai Ginjo Yamada Nishiki）
冷饮 常温
烤河豚白子（ふぐの白子焼き）、炖煮蔬菜（野菜の煮びたし）

九州岛北部－福冈县

山口酒厂

・庭之莺粉红气泡酒（Niwa No Uguisu Sparkling Pink）
冷饮
海藻醋物（おきうとの酢の物）、刺身拼盘（お刺身盛り合わせ）、西式蔬菜冻（野菜のテリーヌ）
・庭之莺莺O-toro梅酒（Niwa No Uguisu O-toro）
加冰块 冷饮
胡麻靖鱼（ごまさば）、活跳素鱼醋物（しろうおの踊り）
・庭之莺纯米大吟酿45黑莺（Niwa No Uguisu Junmai Daiginjo Kuro Uguisu）
冷饮
竹崎蟹（竹崎ガニ）、伊吕波岛的牡蛎（いろは岛のカキ）
・庭之莺纯米大吟酿50（Niwa No Uguisu Junmai Daiginjo）
冷饮
笋馒头、胜男菜（かつお菜）、蕾菜浸物（つぼみ菜のおひたし）
・庭之莺 纯米吟酿60（Niwa No Uguisu Junmai Ginjo）
冷饮 常温 温饮
炭烤鹿儿岛黑毛和牛（鹿児岛の黒毛和牛ロース）、猪肉（豚肉）、油炸料理（扬物）、烧烤料理（焼物）

图书在版编目（CIP）数据

寻味日本酒：行走的餐酒与和食地图 / 欧子豪，（日）渡边人美著．—武汉：华中科技大学出版社，2019.3

ISBN 978-7-5680-4969-6

Ⅰ.①寻… Ⅱ.①欧… ②渡… Ⅲ.①酒文化-日本 Ⅳ.①TS971.22

中国版本图书馆CIP数据核字（2019）第024184号

原書名：日本餐酒誌：跟著 SSI 酒匠與日本料理專家尋訪地酒美食

作者：歐子豪、渡辺ひと美

本書由 積木出版事業部（城邦文化事業（股）公司）正式授權

本作品简体中文版由积木出版事业部（城邦文化事业（股）公司）授权华中科技大学出版社有限责任公司在中华人民共和国境内（但不包括香港、澳门和台湾地区）出版、发行。

湖北省版权局著作权合同登记 图字：17-2019-019 号

本书参考资料

参考书目

- 《日本酒の基》／日本酒サービス研究會・酒匠研究會連合會（SSI）
- 《酒米ハンドブック》／副島顕子・著（文一総合出版）
- 《日本人の食事摂取基準 2010年版》／第一出版編集部・編（第一出版）
- 《第六次改定 日本人の栄養所要量—食事摂取基準》／健康栄養情報研究会・編（第一出版）
- 《キッチン栄養学》／上村泰子・著（高橋書店）
- 《キッチン食事学》／上村泰子・著（高橋書店）
- 《生飲自來好水》／楊惠芳、高橋健一・著（健康產業流通新聞報）

相关机构官方报告

日本酒造组合中央会

http://www.japansake.or.jp/

日本国税厅 https://www.nta.go.jp/

寻味日本酒：行走的餐酒与和食地图

Xunwei Ribenjiu Xingzou de Canjiu yu Heshi Ditu

欧子豪 ［日］渡边人美 著

出版发行：华中科技大学出版社（中国·武汉） 电话：（027）81321913

北京有书至美文化传媒有限公司 （010）67326910-6023

出 版 人：阮海洪

责任编辑：莽 昱 谭晰月

责任监印：徐 露 郑红红 封面设计：秋 鸿

制 作：北京博逸文化传播有限公司

印 刷：联城印刷（北京）有限公司

开 本：787mm×1092mm 1/16

印 张：8 字数：81千字

版 次：2019年3月第1版第1次印刷

定 价：79.80元

華中出版

本书若有印装质量问题，请向出版社营销中心调换

全国免费服务热线：400-6679-118 竭诚为您服务